团簇组装多铁性薄膜

赵世峰　邢文宇　著

U0352033

科学出版社

北京

内 容 简 介

　　多铁性材料是自身物理特性对于温度、压力、电场、磁场等外部条件的变化较为敏感的一类材料,对多铁性功能材料的纳米尺度的开发和利用在微电子器件向纳电子器件的过渡过程中发挥着不可替代的作用,而作为纳米材料的一种基本构建单元,团簇的微观结构特点和奇异性质为多铁性功能纳米材料的制备开辟了一条崭新的道路。

　　本书系统介绍了团簇组装的多铁性薄膜及其奇异的物理特性,立足前沿课题,内容翔实,数据充分,由作者多年的科研实践积累而成,并辅以一定的基本知识的介绍,可供材料学、凝聚态物理、功能薄膜等方向的研究生选用,亦可作为相关科研工作者在团簇组装技术、薄膜表征技术、多铁性材料等相关研究领域的参考书。

图书在版编目(CIP)数据

团簇组装多铁性薄膜/赵世峰,邢文宇著. —北京:科学出版社,2014.10
ISBN 978-7-03-042126-5

Ⅰ.①团… Ⅱ.①赵… ②邢… Ⅲ.①薄膜-研究 Ⅳ.①O484

中国版本图书馆 CIP 数据核字(2014)第 232488 号

责任编辑:赵彦超　周　涵 / 责任校对:张怡君
责任印制:徐晓晨 / 封面设计:谜底书装

科 学 出 版 社 出版
北京东黄城根北街 16 号
邮政编码: 100717
http://www.sciencep.com

北京建宏印刷有限公司 印刷
科学出版社发行　各地新华书店经销

*

2014 年 11 月第 一 版　　开本:720×1000　1/16
2018 年 1 月第三次印刷　　印张:13 1/4
字数:255 000
定价:**68.00 元**
(如有印装质量问题,我社负责调换)

前　　言

　　本书是作者近年来在团簇束流淀积多铁性纳米薄膜及对其磁、电等多铁特性方面的相关研究积累，深刻而广泛地阐述了团簇束流淀积多铁性纳米结构薄膜所具备的诸多独特而优异的磁、电特性，从而为纳米尺度上的材料发展起到原创性的推动作用。

　　20 世纪 60 年代，著名的诺贝尔物理学奖获得者 Richard P. Feynman 曾经预言：如果我们对物体微小规模上的排列作某种控制，就能使物体具有大量异常特性，看到材料的性能产生丰富的变化。在这个预言中所指的材料即现在的纳米材料。纳米材料，是指微观结构至少在一维方向上受纳米尺度限制的各种固体超细材料。它包括零维的原子团簇和纳米微粒，一维纳米线、纳米棒、纳米管等，二维纳米薄膜等，以及三维块体纳米材料。2000 年的世纪之交，时任美国总统克林顿在加州理工大学发表了著名的 NNI 计划（National Nanotechnology Initiative，国家纳米科技计划）的演讲，自此，纳米旋风席卷全球，各国开始大力发展纳米科技，21 世纪成为了纳米世纪。

　　按照摩尔定律，微电子器件的集成度最终会到达极限，在这之后，器件微型化的下一个出路在哪里？现在这一答案在科学家的眼里已不言自明，那就是纳电子器件，而纳电子器件的基本组成单元，就是纳米材料。探究纳米材料的性质，并提高之，利用之，这是身处纳米世纪的科研工作者身上义不容辞的责任与义务。

　　多铁性材料是自身物理特性对于温度、压力、电场、磁场等外部条件的变化较为敏感的一类材料。若只对单一外部条件较为敏感，则为铁性材料；若对两种或多种外部条件较为敏感，则为多铁性材料。鉴于如此独特的性能的存在，对多铁性功能材料的纳米尺度的开发和利用在微电子器件向纳电子器件的过渡过程中发挥着不可替代的作用，其磁学性能、电学性能、磁电耦合效应、磁致伸缩效应等特性在微纳传感器、微纳驱动器、微纳存储器等微纳机电系统方面有着广阔的应用前景。

　　作为纳米材料的一种基本构建单元，团簇的微观结构特点和奇异性质为多铁性功能纳米材料的制备开辟了一条崭新的道路。然而，相比于正处在高度迅猛发展的纳米科技的其他领域，团簇淀积的研究工作还是很有限，尤其是在多铁性功能纳米薄膜的应用方面。因此，随着团簇科学的迅速发展，科研工作者们开始把研究团簇的目光投向纳米结构薄膜的制备及性能研究。鉴于此，作者主要采用团簇束流淀积制备了几种多铁性单相纳米结构薄膜，包括 Co，Tb-Fe，PZT，$BiFeO_3$，以及异质复合纳米结构薄膜,包括 Tb-Fe/PZT,Sm-Fe/PVDF。并且系统地研究了这几种纳米薄膜材料的结构及其电学、磁学、磁致伸缩效应及磁电耦合性质等特性,阐明了团簇束流淀积相比于普通薄膜淀积技术的优势所在。

本书的结构安排如下:

第 1 章团簇与多铁性材料,主要介绍研究纳米材料的意义及其进展,团簇的基本概念和特性及其在纳米科技领域当中的地位,在此基础上阐述了多铁性材料的铁磁性、铁电性、磁致伸缩效应、磁电效应等相关概念,并说明了团簇淀积应用于多铁性纳米结构薄膜的研究意义和应用价值。

第 2 章团簇淀积原理及实验装置,主要介绍制备多铁性纳米结构薄膜的方法——低能团簇束流淀积与荷能团簇束流淀积,基于团簇束流源的一些基本概念和团簇产生的机理,介绍了后退火装置。

第 3 章多铁性纳米结构薄膜的分析和性能检测技术,包括薄膜形貌与成分分析设备与技术,铁磁性、铁电性、磁致伸缩效应、磁电效应测试等性能测试设备与技术。

第 4 章团簇组装单相纳米结构薄膜的多铁性,主要介绍采用低能团簇束流淀积方法制备纳米结构 Tb-Fe、BiFeO$_3$、稀磁半导体团簇薄膜,采用荷能团簇束流淀积方法制备 Co 团簇薄膜,并进一步研究了四种纳米结构薄膜的磁学性质、电学性质和磁致伸缩效应。

第 5 章团簇组装异质复合纳米结构薄膜的多铁性,详细阐述低能团簇束流淀积 Tb-Fe/PZT 纳米薄膜异质结的制备及其铁磁性、铁电性、磁电耦合效应等多铁性的研究,并在此基础上研究了 Sm-Fe/PVDF 薄膜异质结的磁电耦合效应及其在磁电复合材料中的优势。

第 6 章总结与展望,对全书的内容作总结,并对今后的研究方向、应用价值等进行展望。

本书为研究型专著,立足前沿课题,内容翔实,数据充分,由作者多年的科研实践积累而成,并辅以一定的基本知识的介绍,可供材料学、凝聚态物理、功能薄膜等方向的研究生选用,也可作为相关科研工作者在团簇组装技术、薄膜表征技术、多铁性材料等相关研究领域的参考书。

本书由赵世峰和邢文宇撰写,全书由赵世峰统稿与审定。作者感谢云麒、陈介煜、高炜等研究生参与本书的部分作图和文献整理。

本书的出版得到了科技部、国家自然科学基金委员会和内蒙古自治区科研项目的资助,主要包括国家重大基础研究发展计划(973 计划)课题(项目编号:2012CB626815),国家自然科学基金(项目编号:10904065,11264026),内蒙古自治区杰出青年基金(项目编号:2014JQ01),内蒙古自治区青年科技英才支持计划(项目编号:NJYT-12-B05)。

　　作者期望本书的出版能够有助于推动团簇组装功能纳米结构在我国的进一步研究、应用和发展,并促进更多的科研工作者投入到团簇物理学的研究中,但限于作者的知识和水平,难免有不足与漏误,望读者不吝指正。

赵世峰

2014 年 7 月于青城呼和浩特

目　　录

第1章　团簇与多铁性材料

本章简要介绍了纳米科技的科学地位及其研究意义,并且深入介绍了团簇的基本概念,详细阐述了团簇在纳米科技中的地位及其组装纳米结构的特性,并进一步分析了应用团簇淀积制备纳米薄膜的可行性。此外,还对多铁性纳米功能材料的电学性质、磁学性质、磁电耦合效应等做了详尽的叙述,并根据其研究现状及目前在微纳机电系统应用方面所面临的问题,提出团簇束流淀积多铁性纳米功能材料,并说明了相关研究目的和研究意义。

1.1　纳米科技与团簇物理

20世纪60年代,著名的诺贝尔物理学奖获得者 Richard P. Feynman 曾经预言:如果我们对物体微小规模上的排列作某种控制,我们就能使物体得到大量异常的特性,看到材料的性能产生丰富的变化[1]。在这个预言中所指的材料即现在的纳米材料。纳米材料,是指微观结构至少在一维方向上受纳米尺度限制的各种固体超细材料。它包括零维的原子团簇和纳米微粒,一维纳米线、纳米棒、纳米管等,二维纳米薄膜等,以及三维块体纳米材料[2]。由于纳米材料在维度上被限制在纳米的尺寸范围内,因此电子波函数的相关长度与体系的特征尺度相当,这就使得固体中的电子态、元激发和各种相互作用过程表现出与宏观三维体系明显不同的性质(见图1.1)。

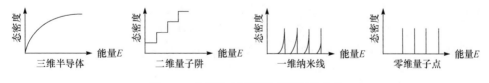

图 1.1　电子态密度随维度限制的变化

纳米科学与技术是指在纳米尺度(1~100 nm)上研究物质(包括原子、分子的操纵)的特性和相互作用,以及利用这些特性的多学科交叉的科学和技术[3]。纳米科学技术将成为下一个信息时代的核心,著名科学家钱学森也认为"纳米左右和纳米以下的结构将是下一阶段科技发展的一个重点,是一次技术革命,从而将引起21世纪又一次产业革命"。伴随着一系列纳米尺度下的新材料、新技术的发展,纳米科技已经发展成涵盖纳米电子学、纳米材料学、纳米生物学、纳米化学、纳米微加工等多种学科的一种科学前沿技术,与生物技术、信息技术一起被人们公认为将是21世纪对人类社会发展最具有核心影响力的三大前沿科学[4]。因此,纳米科技是一项前景诱人的、跨世纪的新型技术,对纳米材料的研究已引起各国科学家的普遍重视。

1.1.1　纳米材料与结构的奇异特性

宏观物质由原子、分子等构成,这一点早在20世纪初就已经得到了公认。宏观物体的描述依赖于牛顿所创造的力学体系和麦克斯韦方程组,而微观世界的原子、分子则被量子力学、统计物理等加以定义和概括。然而,当物体不再是宏观可见的块体,也不再是一个个原子或分子的微观粒子,而是一个由有限个原子或分子构成的体系,我们便称之为纳米体系。纳米体系介于微观和宏观之间,当所包含的原子、分子数量不同时,其体系的原子结构和电子结构将很不相同,也就是说,纳米体系的性质不再是一成不变的,而是和其内含的原子、分子个数密切相关。由此可以看出,与宏观块体材料的原子、分子系统相比,纳米材料有着更复杂的结构特性。一般来说,纳米材料具有以下三方面奇异的物理效应。

1. 尺寸效应

对于纳米材料,颗粒的尺寸、光波波长和传导电子的德布罗意波长、超导态相干长度等相当,因此纳米材料的周期性边界条件将会被破坏,由此所引起的宏观物理性质的变化称为小尺寸效应。对纳米颗粒而言,尺寸变小,同时其比表面积也显著增加,从而磁性、内压、光吸收、热阻、化学活性、催化性及熔点等都较普通粒子发生了很大的变化,产生一系列新奇的性质。例如,金属纳米颗粒对光吸收显著增加,并产生吸收峰的等离子共振频移;小尺寸的纳米颗粒磁性相比于大块材料由磁有序态向磁无序态转变;超导相向正常相转变。与大尺寸固态物质相比,纳米颗粒的熔点会显著下降;对于磁性纳米颗粒,纳米颗粒的矫顽力随尺寸的变化而变化,当颗粒的尺寸为单畴临界尺寸时,具有非常高的矫顽力。

2. 表面与界面效应

纳米材料中表面原子占总原子数的比例相当高,而且随着粒径的进一步减小,表面原子数所占的比例迅速增加。图1.2中曲线描述了纳米颗粒的表面原子数占总原子数的比例 A 与颗粒粒径之间的关系。如图中所示,如颗粒粒径为10 nm时,表面原子数占总原子数的比例为20%;颗粒粒径为5 nm时,表面原子数占总原子数的比例为40%;颗粒粒径小到2 nm时,表面原子数占总原子数的比例猛增到80%。而颗粒粒径小到1 nm时,表面原子数占总原子数的比例竟然高达99%。

这样高的比例,使处于表面的原子数越来越多,进一步导致表面原子的配位数不足和高的表面能,使得这些表面原子容易与其他原子相结合而稳定下来,从而使得这种纳米颗粒具有很高的化学活性。利用纳米材料的这一特性可制得具有高催化活性和产物选择性的催化剂等。

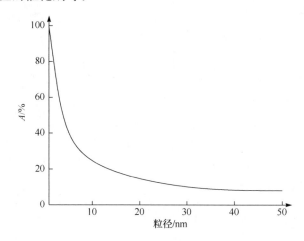

图 1.2　表面原子数占总原子数比例 A 与颗粒粒径的关系

3. 量子效应

量子效应包括量子尺寸效应、库仑阻塞和量子隧穿等效应。

对于块体材料而言,能带可以看成是连续的,而介于原子和块体材料之间的纳米材料的能带将分裂为分立的能级。Kubo 提出能级间距和颗粒尺寸存在如下的函数关系:

$$\delta = \frac{4}{3}\frac{E_F}{N} \tag{1.1}$$

式中,δ 为能级间距;E_F 为费米能级;N 为总电子数。能级间距随纳米颗粒尺寸减小而增大。当能级间距大于热能、磁能、电场能,或者超导态的凝聚能时,必须要考虑量子效应。即纳米颗粒的尺寸比能级间距还小时就会呈现出一系列与宏观物体截然不同的反常特性,称为量子尺寸效应。这一效应可使纳米粒子出现一系列的特殊性质。

库仑阻塞是在电荷输运的过程中前一个电子对后一个电子的库仑排斥能,这导致对一个小体系的充放电过程,电子不能集体传输,而是一个一个单电子的传输。充入一个电子所需的能量 E_c 为 $e^2/2C$,C 为小体系的电容,体系越小,C 越小,E_c 越大。如果将两个量子点通过一个结连接起来,一个量子点上的电子穿过位垒到另一个量子点的行为称作量子隧穿。在一个量子点上所加的电压必须满足

$eV>E_c$,才能使隧穿发生。当一个电子发生隧穿,下一个电子的隧穿条件为 $eV>2E_c$。

1.1.2　团簇及其在纳米技术中的地位

原子或分子团簇是由几个乃至上千个原子(或分子)通过物理或化学结合力组成的相对稳定的微观或亚微观聚集体[5,6]。因此,团簇是介于原子、分子与宏观固体物质之间的物质结构新层次[7]。团簇是由原子或分子一步一步发展而成的(见图 1.3)[8],随着这种发展,团簇的结构和性质发生变化,当尺寸大到一定程度时发展成宏观固体[9],因此团簇代表了凝聚态物质的初始状态。紧随着结构的研究,团簇的性质也倍受关注。不同大小的团簇,表现着不同的性质,存在着一些相变,如绝缘-非绝缘[10]、熔化[11]、铁磁相变[12]等。并且在这些研究中发现了团簇具有许多奇异的性质。例如,团簇的电子壳层和能带结构并存;气相、液相和固相并存和转化;幻数稳定性和集合非周期性;量子尺寸效应和同位素效应等。

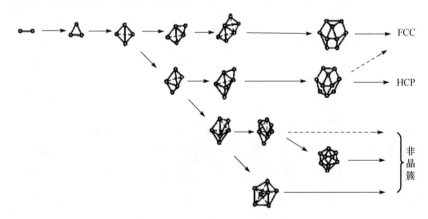

图 1.3　团簇结构随原子数目增长变化示意图

虽然团簇科学的研究只有短短几十年的历史,但是已经发展成为一个迅速成长的交叉学科领域[13,14]。在自然界的许多过程和现象中,如催化、燃烧、晶体生长、成核和凝固、临界现象、相变、溶胶、照相、薄膜形成和溅射等,都会涉及团簇。因此,目前的团簇科学的研究已经是涉及原子分子物理、凝聚态物理、表面和界面物理、胶体化学、配位化学、化学键理论、环境和大气科学、天体物理,甚至生命科学等许多领域。例如,团簇作为气态和固态之间的过渡状态,其形成、结构和运动规律的研究,有助于发展和完善原子间结合的理论,也是对宇宙分子、宇宙尘埃,以及大气中烟雾、溶胶等的形成,云层的凝聚和运动等在实验室条件下的一种模拟,为天体演化、大气污染控制和人工气候调节的研究提供线索。

然而,当前团簇研究最为重要的还是它们在纳米科技中的应用。作为纳米材料的一种基本构建单元,团簇组装的纳米结构越来越引起人们的兴趣。这样使得人们非常看好利用团簇组装新型纳米材料的应用前景。

1.1.3　团簇组装的纳米结构

团簇的微观结构特点和奇异的物理化学性质为制造和发展新的特殊性能材料——纳米结构材料开辟了一条途径。例如,团簇的红外吸收系数异常增强,某些团簇的超导临界温度大幅度提高,甚至在固体材料无超导电性的团簇中发现超导性。这些效应可用于研制新的敏感元件、贮氢材料、磁性液体、高密度磁记录介质及微波和光吸收材料、超低温和超导材料、铁流体和高级合金。在能源应用方面,团簇可用于制造高效燃烧催化剂和烧结剂,或通过超声喷注方法研究离子簇的形成过程,为未来聚变反应堆的等离子注入创造条件并提供借鉴。团簇具有极大的比表面积,催化活性好,因此金属复合团簇和化合物团簇在催化科学中占有重要地位。在微纳电子器件方面,新一代超微功能器件的发展也有赖于对团簇性质及其应用的研究。团簇及其点阵构成的单电子晶体管和存储器是新一代纳米结构器件的重要成员,并已取得了引人瞩目的新进展;而由团簇构成的“超原子”具有很好的时间特性,是未来“量子计算机”的理想功能单元。用纳米尺寸团簇构成的纳米相材料,含有很大的界面成分,具有高扩散系数、韧性(超塑性),展示优异的热学、力学和磁学特性,并可构成新的合金。

团簇这些优异的性质能够得以应用和发挥的必要步骤就是把团簇组装成纳米材料。有趣的是团簇淀积在衬底表面的时候可以形成各种各样的形貌,有的是分形[15],有的是岛状[16],有的形成网格状[17],有的团簇在模板的引导下可以形成有序阵列[18],如图 1.4 所示。

这些工作一直是团簇研究工作的热点。团簇研究已经走过了很多年的历史,对于自由团簇的各种性质研究无论是在性质检测上还是理论分析上都得到了良好的发展,并且,对于团簇淀积方面的研究也涉及了团簇薄膜的制备、磁性颗粒的制备与性质研究、有序纳米阵列的获得等多个方面。然而,相比于正处在高度迅猛发展的纳米科技的其他领域,团簇淀积的研究工作还是很有限,尤其是在功能薄膜的应用方面。因此,随着团簇科学的迅速发展,科研工作者们开始把研究团簇的目光投向纳米结构薄膜的制备及性能研究上,例如团簇淀积的半导体 ZnO 材料以及 ZnO 基稀磁半导体材料[19-22],鉴于此,在本书中我们主要采用团簇束流淀积制备了多种多铁性纳米结构薄膜,对团簇组装 Tb-Fe,BiFeO₃,ZnO,CdO,Co 等单相纳米结构薄膜,以及 Tb-Fe/PZT,Sm-Fe/PVDF 等异质复合纳米结构薄膜的电学、磁学、磁致伸缩效应及磁电耦合性质等特性方面进行了深入的研究。因此,首先介绍多铁性材料的相关概念和研究进展,以及铁电性、铁磁性、磁致伸缩效应、磁电效应等相关概念。

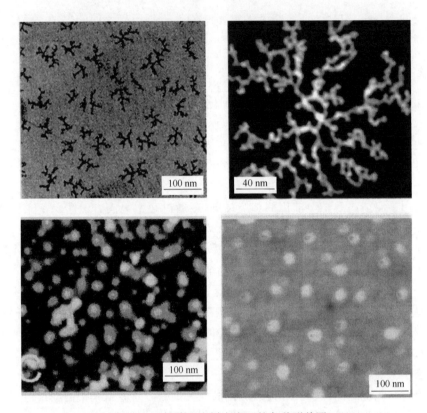

图 1.4　团簇淀积在衬底表面的各种形貌图

1.2　多铁性材料概述

多铁性材料因其同时具有铁电性、铁磁性、铁弹性等多种铁性的独特性质而引起人们的广泛关注,早在 20 世纪相关科研人员就已经对其特性进行了深入的研究与探索,以期能揭开多铁性材料的神秘面纱,解释其多铁性来源。进入 21 世纪后,纳米科技兴起,微机电系统开始向纳机电系统过渡,而一类能够广泛应用而又性能优良的纳米功能材料的发现成为了这个过渡阶段所不可或缺的一环。作为集磁、电等特性于一身的多铁性材料,理所当然地成为了最佳选项之一。因此,探索多铁性材料在纳米尺度上的性质,深入开发其应用价值,是一项意义重大又颇具前景的科研事业。

1.2.1　多铁性材料的定义

多铁性材料,见名知意,其意义独特之处便在于"多"字。若要理清多铁性材料的定义,我们先要从铁性体说起。

　　铁性体是自身物理特性对于温度、压力、电场、磁场等外部条件的其中一种的变化较为敏感的一类材料[23]。其中最为人熟知的是铁电性、铁磁性、铁弹性材料，这些材料具有两类主要特征：一是当外部激发条件消失时，响应参数（如极化、磁化等）在临界温度下不为零，表明其可以存储和释放能量；二是它们的激励响应行为表现出一种滞后性，如电滞回线、磁滞回线的出现。

　　言尽及此，多铁性材料的定义便一目了然了，即一类在一定温度下同时具有两种或两种以上初级铁性特征的单相化合物，这一定义是瑞士科学家 H. Schmid 在1994 年首次提出的[24]，这些初级铁性包括铁电性（ferroelectricity）、铁磁性（ferromagnetism）、铁弹性（ferroelasticity）和铁涡性（ferrotoroidicity）[25]，如图 1.5 所示。随着科研人员的不断探索，现在多铁性材料的范围已经扩展为一类可以同时具有（反）铁电性、（反）铁磁性、铁弹性等两者或两者以上的单相或复合材料。

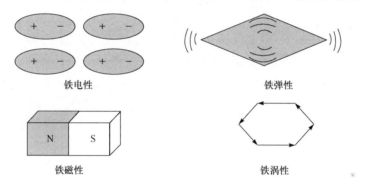

铁电性　　　　　　　　　　　　铁弹性

铁磁性　　　　　　　　　　　　铁涡性

图 1.5　多铁性材料的铁电性、铁磁性、铁弹性、铁涡性

1.2.2　多铁性材料研究进展

　　多铁性材料由于其同时具有铁电性、铁磁性等性质，被人们看作是制备多功能纳米器件的一类具有重要意义的材料。多铁性材料可以在单一设备组件中实现稳定且持久的磁电互控，而这将进一步促进器件向着纳米尺寸发展，例如高速低能电控的磁存储设备、电控微波设备和高灵敏性磁传感器，而这些仅仅是多铁性纳米材料在诸多应用领域的几个方面。

　　然而，天然多铁性单相材料是稀有的，并且其中大多数材料的多重铁性共存状态都发生在较低温度的情况下，要远远低于室温，这为其实际应用造成了极大的障碍。与之相反，人工复合多铁性材料能在室温下表现出多重铁性共存状态。于是，寻找室温天然多铁性材料和人工制备复合多铁性材料成为了多铁性材料实现实际应用的必然选择。

　　对于单相多铁性材料的研究，可以追溯到 20 世纪 60 年代，彼时，有两位前苏联科学家开展了单相多铁性材料的研究，一位是圣彼得堡（即列宁格勒）的

Smolenskii[26]，另一位是莫斯科的 Venevtsev[27]，他们在探索钙钛矿型铁电体时发现其铁电性和铁磁性共存现象。从概念上讲，最简单的多重铁性共存状态依赖于材料所具有的各自独立的非中心对称结构单元，这种结构能同时表现出铁电性和铁磁性，诸如硼酸盐 $GdFe_3(BO_3)_4$[28]，但是我们在其中观察不到较强的磁电耦合作用。最早的单相多铁性材料是镍碘方硼石（$Ni_3B_7O_{13}I$），这是一种典型的多铁性材料，当温度低于 60 K 时，$Ni_3B_7O_{13}I$ 呈现弱铁磁性和弱铁电性共存，很多关于多铁性材料的原创性研究就是以它为背景完成的[26]。

随着纳米尺度上的材料制备技术的发展，理论模型特别是第一性原理计算的发展，以及人们对于设备微型化要求的不断提高，多铁性材料的相关研究在 20 世纪末、21 世纪初进入了一个快速发展的阶段。一直以来，钙钛矿氧化物都是人们广泛研究的对象，可是人们发现了数百种铁磁性钙钛矿氧化物以及数百种铁电性钙钛矿氧化物，同时具有多重铁性的钙钛矿氧化物始终寥寥无几。

迄今为止，$BiFeO_3$ 是为数不多的单相室温多铁性材料之一，其在室温下表现出铁电性和反铁磁性共存的状态，具有远高于室温的反铁磁尼尔温度（$T_N \sim 643$ K）和铁电居里温度（$T_C \sim 1100$ K）。

在 1960 年，相关的科学家 Smolenskii 就已经对 $BiFeO_3$ 的多铁特性展开研究，但是他们未能获得单晶结构，并且得到的多晶陶瓷的绝缘性较差[29]。1967年，Achenbach 等成功制备了单相多晶铁酸铋[30]，1990 年，Kubel 和 Schmid 对单晶铁酸铋进行了精确的 XRD 结果分析[31]。

2003 年，J. Wang 等在 $SrTiO_3$ 衬底上采用脉冲激光沉积（PLD）的方法制备了异质外延的 $BiFeO_3$ 薄膜[32]，得到了较块体材料而言要提高接近一个数量级的室温自发极化。他们对此进行了第一性原理计算，计算结果和实验结果能很好地吻合，说明晶格参数的改变导致了自发极化的增强，并且该薄膜表现出在室温条件下的铁磁性与铁电性共存的多铁性质，如图 1.6 所示。

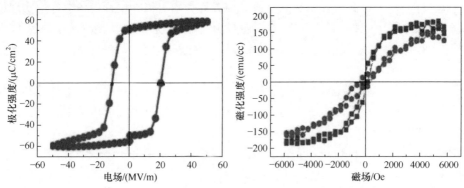

图 1.6　$BiFeO_3$ 外延薄膜的铁电性及铁磁性

尽管科研人员对于单相多铁性材料的研究有了长足的进步,但其种类稀少和尼尔、居里温度较低等不足仍是较大的困扰,更因为单相多铁性材料的组成都有明确的化学计量比,因而通过掺杂改善其多铁特性的可能性是很受限制的。Song 等曾利用激光束外延法制备了室温下的 Co 掺杂 $LiNbO_3$ 薄膜,而对于 $BiFeO_3$,人们大多通过掺杂来降低其漏电流,进而改善其铁电性。对于单相多铁性材料的应用化道路,仍处于不断的探索之中。

近些年来,基于第一性原理的理论在原子水平上描述了多铁性现象[33,34],从而导致了对于其机制的更深入的理解。而与之类似的是,对于多铁性复合材料的理论描述又为我们发展多铁性材料提供了另一条道路,我们可以在此基础上设计新的多铁性复合纳米结构薄膜,而相关薄膜制备技术的发展则为我们提供了相应的技术手段,如本书中所采用的团簇束流淀积纳米薄膜的方法。

为了实现具有实际应用意义的强磁电耦合效应,人们逐渐开始致力于探索人工多铁性复合材料。根据复合方式的不同,多铁性复合材料可分为三类,如图 1.7 所示。其共可分为三类:(a)类为零维颗粒与三维块体的均匀复合;(b)类为一维纳米柱和三维块体的均匀复合;(c)类为二维薄膜与二维薄膜的层叠状均匀复合。其中以(c)类复合材料的制备过程最易控制,并且性能最为优异。

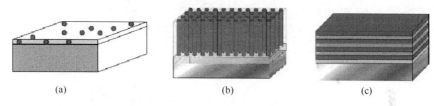

(a)　　　　　　　　(b)　　　　　　　　(c)

图 1.7　多铁性材料的复合方式

(a)0-3 型颗粒复合薄膜;(b)1-3 型柱状复合薄膜;(c)2-2 型叠层复合薄膜

近年来,在薄膜制备技术上的进步,为人们制备 2-2 型叠层复合多铁性纳米薄膜提供了可靠的保证,现在人们可以以精准的方式淀积这种多铁性复合薄膜,其中最具前景的方式之一为淀积磁致伸缩薄膜和压电薄膜的复合纳米结构。关于磁电效应及复合磁电耦合材料,将会在 1.6 节详加叙述。

1.2.3　多铁性材料的应用

多铁性材料由于其同时具有铁电有序和铁磁有序,其独特的电学、磁学、力学等特性,不仅具有重要的科学意义,同时也具有广阔的应用前景。多铁性材料的发展与进步,使得我们在基于电荷序和自旋序设计器件之外有了一个新的自由度来设计新型磁电器件,从而促进微电子器件向纳电子器件的跃进,使其多功能化、集成化、微型化,为微纳电子技术和信息技术带来革命性的进步。

根据其磁电共存特性,可以将多铁性材料应用于存储器领域;根据不同的使用方式,可以设计两种截然不同的多铁性存储器。一是多铁性多态存储器,可以利用铁电序和铁磁序之间强的耦合作用获得多个可翻转的状态,即(+P,+M),(+P,−M),(−P,+M),(−P,−M),从而能够实现非挥发性的四态磁电存储器,如图1.8所示[35]。二是多铁性电写磁读存储器,其概念是由 Bibes 等[36]在磁存储器的基础上利用多铁性材料特性首先提出来的。铁磁层用来存储二进制信息,其中两个不同的磁化方向分别代表存储数据"0"和"1"。数据的写入是通过改变外加电场方向来改变铁电层极化方向,利用磁电耦合效应,将信息写入铁磁层中,而信息的读取则采用传统的磁头读取方式,如图1.9所示[36]。

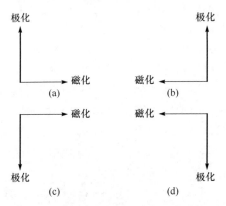

图 1.8　多铁性多态存储器的四种状态

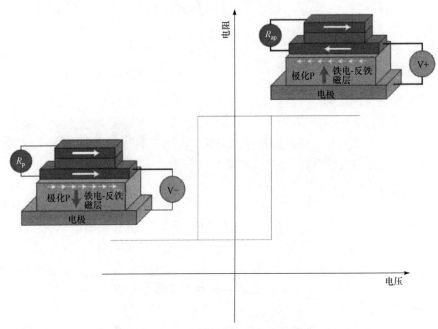

图 1.9　多铁性磁电随机存储器

除在存储领域,多铁性材料在传感器、转换器、衰减器、滤波器、场探针、自旋阀、读取技术等诸多领域有着较大的应用潜力,期待随着多铁性材料的不断发展与进步,最终能为人类所用,实现纳米世纪的技术突破。

1.3　多铁性材料的电学性质

前面已对多铁性材料的定义及相关研究进展做了叙述,而要彻底地理解多铁性材料的电学、磁学等各方面性质,需要我们对铁电性、压电效应、漏电流等电学性质,铁磁性、磁各向异性、磁致伸缩等磁学性能,以及磁电耦合效应等进行详尽的介绍和讲解。

1.3.1　铁电性

一些晶体由于其特殊的晶体结构,在无外电场作用时,其带电粒子的正负电荷不重合,会形成电偶极子,这些电偶极子若为规则排列,则称之为自发极化。此种自发极化性质在一定温度范围内稳定存在,且自发极化方向(即电偶极子排列方向)可随外加电场的作用而重新取向,晶体的此种性质称为铁电性(ferroelectricity),具有这种性质的晶体称为铁电体。

铁电性的特征之一是具有电滞回线,如图 1.10 所示[37]。如图所示,当在铁电体上施加一定的外加电场时,原来散乱排布的电偶极子的方向趋于同一方向,铁电体表现出极化特性,且极化强度对外加电场的增大而增大,当外加电场达到一定值后,极化强度趋于饱和。若此电场为交流电场,则极化方向的转向速度要慢于交流电场的变化速度,因而极化强度与外加电场之间表现出滞回特性,形成电滞回线。

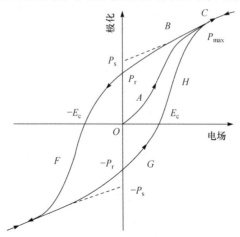

图 1.10　铁电性的最显著特征——电滞回线

　　从电滞回线中可看出,随着正向电场的增大而使极化强度达到饱和,将 CB 线段延长并与纵坐标相交,得到饱和极化强度 P_s(saturated polarization)。当电场强度开始降低直至消失,此时极化强度不为零,该极化强度值称为剩余极化强度 P_r(remanent polarization)。如果继续施加反向电场,则极化强度可降至零点,此时对应的电场强度称为矫顽场 E_c(coercive electric field)。

　　电滞回线表现了铁电体的极化强度 P 和电场 E 之间的一种非线性关系,它是铁电性最重要的特征,人们常把有无电滞回线作为判断铁电性的依据。然而,必须注意的是,有一些物质并不存在铁电性,但是仍能观察到电滞回线现象。例如,一些非铁电驻极体也可显示出电滞回线,但严格来说它们并不具备铁电性,因为其自身不存在自发极化,它们的“永久”极化强度是电诱导产生的,而且是一种亚稳态结构,不是晶体的一种平衡性质。

　　铁电性的另一个重要特征是在特定温度情况下表现出来的性质,当温度高于某个值时,铁电性向顺电性转变,这一临界温度称为居里温度 T_c 或称为居里点。通常认为晶体具有铁电性时的晶体结构的对称性要低于顺电性时的晶体结构对称性,因而居里温度本质上是一个结构相变温度,铁电性可称为铁电相,顺电性亦可称为顺电相,铁电结构是由顺电结构经微小畸变而形成。

　　铁电性的第三个特征是临界特性。所谓临界特性,是指在居里点附近,铁电体的介电性质、弹性性质、热学性质等出现不同于一般情况的反常现象。其中最引人注目的现象是“介电反常”,大多数铁电体的介电常数在居里点附近具有很大的数值,其数量级可达 $10^4 \sim 10^5$。而在居里点以上,介电常数满足居里-外斯定律:

$$\varepsilon = \frac{C}{T - T_0} \qquad\qquad (1.2)$$

式中,C 为居里-外斯常量;T 为热力学温度;T_0 为居里-外斯温度。

　　关于铁电性的来源,我们一般用电畴理论来解释。电畴这一名称是类比于磁畴得来的,就像是铁电性类比于铁磁性,电滞回线类比于磁滞回线,实际上,铁电性与“铁”毫无关系,因铁电性与铁磁性有诸多的相似特征,故这些名称一直沿用了下来。

　　电畴是指在铁电体中,会出现很多个固定极化方向的小区域,同一小区域中电偶极子的极化方向相同,出现单一指向,而不同小区域的极化方向可能不同,这些小区域便称为“电畴”,电畴与电畴之间的界限称为“畴壁”。不同电畴的自发极化强度的取向存在着简单的关系,如在钛酸钡单晶的四方相中,相邻电畴自发极化强度取向的可能夹角只有 90° 和 180°,如图 1.11 所示。而对于多晶铁电体,不同电畴之间的自发极化取向之间不表现出任何的规律性,表现为一种随机的排布。

　　铁电体一般是多电畴结构,各电畴之间的极化取向不同,在电场的作用下,伴随着新畴的形成和畴壁的运动,自发极化方向与外加电场方向一致的电畴的体积将不断增大,其他方向的电畴的体积将逐渐减小直至消失,此时在电滞回线上表现

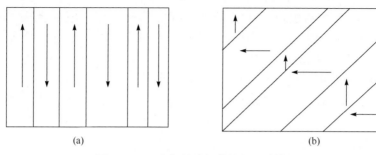

图 1.11　四方相钛酸钡单晶的电畴结构

(a)180°畴；(b)90°畴

为达到饱和极化强度 P_s，整个晶体变为一个单畴结构。在外电场的作用下，新畴的形成和畴壁运动的动力学过程称为电畴的反转过程。当电场逐渐降至零时，仍有某些电畴的极化方向保持为原电场的正向方向，因而晶体的极化强度不为零，呈现剩余极化强度 P_r。

1.3.2　压电效应

当沿着一定方向对某些电介质施加外力，体内正负电荷中心发生相对位移而不重合，产生极化，以至在一定表面出现符号相反的束缚电荷，其电荷密度与外力成正比，这种由机械应力的作用而使电介质晶体产生极化并形成晶体表面电荷的现象，称为正压电效应，如图 1.12(a)所示。当外力去掉后，晶体又重新回到不带电状态，当作用力方向改变时，电荷极性也随着改变。

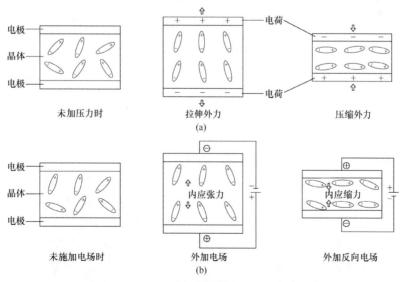

图 1.12　正压电效应与逆压电效应

(a) 正压电效应——外力使晶体产生电荷；(b) 逆压电效应——外加电场使晶体产生形变

反之,若在电介质的极化方向上施加外电场,其内部正负电荷会发生位移,电介质会在一定方向上发生机械变形,且二者之间呈线性关系。晶体的这种因外电场作用而产生形变的现象称为逆压电效应,或称为电致伸缩效应,如图 1.12(b)所示。当外电场去掉后,这些形变或应力也随之消失。

通常将正压电效应与逆压电效应合称为压电效应,具有压电效应的物体称为压电体。压电效应是一种机电耦合效应,可以实现机械能和电能之间的相互转化,如图 1.13 所示。

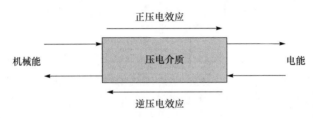

图 1.13 压电效应能量转换过程

压电效应的特点是形变能使晶体产生极化,或者说能改变晶体的极化状态,而根据对铁电性的讨论,可知极化现象直接与电偶极矩的分布有关。因此,可通过晶体对称性和电偶极矩的分布关系来说明压电效应的机制。

若晶体具有对称中心,根据对称性要求,其在任何方向上都存在大小相等、方向相反的电偶极矩,彼此相互抵消,对总极化无贡献。受到应力作用后,内部发生均匀变形,仍然保持粒子间的对称排列规律,并无不对称的相对位移,因而正、负电荷中心重合,不产生电极化,没有压电效应。所以,若为压电晶体,必然无对称中心。晶体不具有对称中心,质点排列并不对称,在应力作用下,它们就受到不对称的内应力,产生不对称的相对位移,结构形成新的电矩,呈现出压电效应。在 7 大晶系 32 类点群中,有 21 类不具有对称中心,其中的 432 点群晶体的压电常数为零,其余 20 种无对称中心的晶体都表现出压电效应。

压电效应最早被发现要追溯到 19 世纪末期,Curie 兄弟在研究热释电现象和晶体对称性的时候,在 α 石英晶体上发现了正压电效应,随后,Lippmann 根据热力学原理、能量守恒和电荷守恒定律等理论上预言了逆压电效应的存在。之后,Curie 兄弟又在试验中验证了逆压电效应,并得到了数值相等的石英晶体的正、逆压电效应的压电常数。自此,压电效应正式被人们所熟知,并且得到了广泛应用。

在很长的一段时间里,压电效应的研究仅限于晶体和陶瓷。人们利用材料的压电效应制成了换能器来探测海底沉船,并研制成功了石英晶体振荡器和滤波器,开启了压电效应在频率控制和通信方面的应用。后来,钛酸钡陶瓷的压电效应被发现,并应用于拾音器,开创了压电陶瓷的应用新纪元。之后,大量性能优异的压电陶瓷相继问世,并得到了广泛应用。1963 年,美国 Bell 实验室利用 GdS 压电薄膜制成了 VHF 及 UHF 频带的体超声波换能器,压电薄膜的研究自此开始。现在,CdS 压电薄膜和 ZnO 压电薄膜已经实现了大规模应用,人们的研究兴趣开始转向 PZT 薄膜及无铅薄膜。

1.3.3　漏电流

理想情况下,电介质是一类绝缘体,无传导电流流过,在电场的作用下要产生极化或者极化状态发生改变,以感应极化的方式而不是以传导的作用传递电的作用。实际情况是,由于杂质和缺陷的存在,电介质无法完全绝缘,总是有一定的微弱电流流过,此种电流称为漏电流(leakage current)。漏电流的存在,影响了材料在器件中的应用,造成了器件性能的下降,甚至导致器件的损毁与失效。因此,研究漏电流并尽量降低之,是关于多铁性功能材料的一个重要研究内容。

根据近年来的研究,发现漏电流与材料的空位、杂质、缺陷、热释电性质以及电子电导、离子电导等因素有关,在诸多因素的影响下,漏电流的作用很难被完全消除。现在的结果表明,电介质薄膜材料中的漏电流存在四种传导机制,分别如下。

(1) 欧姆导电机制。当外加场强较弱时,由电极注入电介质薄膜内的电子很少,其电导是由热激发产生的,它由从价带向导带跃迁的电子浓度决定。漏电流密度(J)-电场强度(E)的关系如下式[38]:

$$J = q\mu N_e E \tag{1.3}$$

式中,q 为电子电荷;μ 为载流子迁移率;N_e 为热激发电子密度。

(2) 空间电荷限制电流(SCLC)机制。由于缺陷的存在,在电场的作用下,缺陷中心俘获来自电极发射的自由电荷(电子或空穴),这些俘获电荷积累所形成的电场与外电场方向相反,从而减小了电荷的注入作用。其 J-V 关系如下式[39]:

$$J_{SCLC} = \frac{9\mu\varepsilon_0\varepsilon_r V^2}{8d^3} \tag{1.4}$$

式中,ε_0 为真空介电常数;ε_r 为相对介电常数;d 为薄膜厚度。

(3) Pool-Frenkel(PF)机制。杂质或非化学计量比引起的杂质电子(或空穴)被缺陷俘获,形成复合缺陷。处于施(受)主能级上的复合缺陷被电离后,需要一个热激发过程才能使电子(或空穴)激发至导带,参与导电。当外加电场很强时,由于导带发生倾斜,使施(受)主能级上的电子(或空穴)被激发至导带参与导电。这种由于施主、受主离子掺杂引起的漏电流现象称为 Pool-Frenkel(PF)效应[40]:

$$J = AE\exp\left[\frac{-q(\Phi_t - \sqrt{qE/\pi\varepsilon_0\varepsilon_r})}{kT}\right] \tag{1.5}$$

式中,A 为常数;Φ_t 为电离活化能;k 为玻尔兹曼常量;T 为热力学温度。

(4) 肖特基发射(SE)机制。当电极/薄膜之间的界面为阻挡接触时,界面处存在肖特基势垒。由于肖特基势垒的存在,电流受到限制,而在外界电场的作用下,

肖特基势垒降低,原先被势垒阻挡的电子更易于发射。其 J-V 关系如下式所示:

$$J_{\mathrm{S}}=AT^{2}\exp\left(-\left[\frac{\varPhi}{k_{\mathrm{B}}T}-\frac{1}{k_{\mathrm{B}}T}\left(\frac{q^{3}V}{4\pi\varepsilon_{0}\varepsilon_{r}d}\right)^{1/2}\right]\right) \tag{1.6}$$

在功能纳米薄膜的制备过程中,成膜温度、热处理条件、膜厚等因素对漏电特性也都有较大的影响。

1.4　多铁性材料的磁学性质

磁性广泛存在于各种各样的物质中,并表现出很多奇特的形式,诸如磁化过程、磁致伸缩、压磁效应、磁弹性能等,人们对磁性的利用也很早就已经开始。公元前 3 世纪,《吕氏春秋》中就已经出现了关于天然磁石(Fe_3O_4)的记载,而我国古代的伟大发明指南针就是利用了物质的磁性,磁性材料从古至今一直伴随着人们的生产生活。近代以来,物理学的建立与发展,麦克斯韦方程组的建立,量子力学的发展,使人们逐渐认识到了磁性的本质,并给出了较为深刻的解释。当下,磁性的利用已经深入到生活的方方面面,并对材料学、电子学、信息科学等的发展起到了促进作用。接下来,我们将要对材料的磁性分类、铁磁性原理等方面进行详尽的介绍。

1.4.1　磁性分类

对原先宏观不显磁性的材料施加一外加磁场,磁场强度由零逐渐增大,则材料会发生磁化,可得到一条 M-H 曲线,称为基本磁化曲线(或初始磁化曲线)。磁化强度 M 和外磁场强度 H 的比值称为磁化率,用 χ 表示,其关系为 $M=\chi H$。磁化率 χ 的大小表示材料的被磁化难易程度。根据材料被磁化状态的不同,可大致将磁性分为五类:铁磁性、亚铁磁性、反铁磁性、顺磁性和抗磁性,如图 1.14 所示。

顺磁性是指材料在受到外磁场强度 H 作用时,感生出与外磁场方向相同的磁化强度 M,其磁化率 χ 为正值,但其值较小,在 $10^{-6}\sim10^{-3}$,较难磁化。组成顺磁性材料的原子或离子的电子壳层是未满壳层结构,原子具有固有磁矩,但在分子热运动的影响下,这些磁矩的方向呈杂乱分布,总磁矩为零,宏观不显磁性。在外磁场的作用下,原

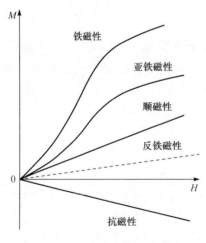

图 1.14　五种磁性的磁化曲线

子磁矩转向外磁场的方向,感生出与外磁场方向相同的磁化强度,因而磁化率为正值。一般情况下,顺磁性的 M-H 曲线为直线,表现为线性关系,如图 1.14 所示。顺磁性材料的磁化率与温度满足居里-外斯定律,如下式所示:

$$\chi = \frac{C}{T - T_p} \tag{1.7}$$

式中, C 为居里常量; T_p 为顺磁居里温度; T 为外界温度。

抗磁性是指材料在受到外磁场强度 H 作用时,感生出与外磁场方向相反的磁化强度 M,因而磁化率 χ 为负值,其值较小,在 $10^{-6} \sim 10^{-4}$。通常情况下,抗磁性材料的磁化率与外加磁场、环境温度等因素无关,仅为材料自身所特有的性质,只有当材料的状态发生改变,如熔化凝固,或者结构发生变化时,其抗磁性的磁化率才发生变化。抗磁性是由于电子轨道运动回路受到外加磁场的洛伦兹力作用所造成的,外磁场使电子的轨道运动发生变化,使其磁矩方向与外磁场反向排列。因而,抗磁性广泛存在于一切物质中,是物质的固有性质,因其磁化率的绝对值非常小,故常被顺磁性、铁磁性等所掩盖,宏观不显抗磁性。

铁磁性是指在较弱的磁场强度的作用下,材料可以获得很大的磁化强度,其磁化率 χ 值较大,数量级在 $1 \sim 10^6$,随外磁场变化呈非线性变化。当外磁场强度 H 逐渐增强时,磁化强度趋于饱和,称为饱和磁化强度,在反复磁化时会出现磁滞现象,形成磁滞回线。铁磁性材料具有自发磁化,其定义为在相邻原子或离子的未满壳层的电子之间的强烈耦合作用下,相邻原子或离子的磁矩在一定区域内呈平行排列。铁磁性材料的自发磁化随温度升高而下降,并在温度高于某一特定值时,铁磁性消失,变成顺磁性,此临界温度称为居里温度,用 T_c 表示。通常,铁磁性物质包括三类:一是 Fe、Co、Ni 等纯金属,某些稀土元素如 Gd 等;二是含 Fe、Co、Ni 的合金及化合物;三是某些过渡元素组成的合金。

亚铁磁性类似于铁磁性,也能在较弱的磁场强度下获得较大的磁化强度,不过磁化率 χ 较低,数量级在 $1 \sim 10^3$。亚铁磁性材料也具有自发磁化、居里温度、磁滞现象等性质,铁氧体是一类典型的亚铁磁性材料。亚铁磁性材料和铁磁性材料都得到了广泛的应用。

反铁磁性是指在外磁场作用下,其原先反向平行排列的原子磁矩逐渐趋向同向,表现出一定的磁化强度,其磁化率为正值,但要小于顺磁性的磁化率,数量级在 $10^{-7} \sim 10^{-4}$。反铁磁性材料也具有自发磁化现象,但由于相邻原子磁矩大小相等,方向相反,故在无外场作用时自发磁化强度为零。反铁磁性材料也具有一临界温度,在此临界温度之下,表现为反铁磁性,在此临界温度之上,表现为顺磁性,此临界温度称为尼尔点,用 T_N 表示。磁化率和温度的关系,在尼尔点附近会发生改变,温度在 T_N 以下时, χ 值随温度升高而升高,在 T_N 以上, χ 随温度升高而下降,表现出顺磁性行为,服从居里-外斯定律。具有反铁磁性的物质为数不多,多为金属及金属氧化物,如 Mn、Cr 等金属具有反铁磁性,MnO、Cr_2O_3 等金属氧化物也具有反铁磁性。

1.4.2　铁磁性基本理论

铁磁性材料的主要特征有二:一是具有自发磁化强度;二是具有较大的磁化率。针对这两个特征,20 世纪初,法国物理学家外斯根据相关实验结果提出了自发磁化理论以及磁畴理论。外斯指出,铁磁性材料在无外磁场作用的情况下,具有自发磁化强度,其数值大小与温度有关,且在居里温度以上表现为顺磁性,无自发磁化产生。但是,自发磁化理论与铁磁性物质宏观不显磁性的现象是矛盾的,因而,外斯又发展了磁畴理论,指出磁畴是一个个磁矩自发平行排列的小区域,在同一个磁畴中,磁矩方向相同,在不同磁畴中,磁矩方向为无规则的排列,因而宏观不显磁性。

自发磁化理论表明物质的铁磁性是自发产生的,与外磁场的存在与否无关,物质磁性来源于其自身的原子磁矩。原子磁矩包括三个部分,即电子轨道磁矩、电子自旋磁矩、原子核自旋磁矩。其中,因为原子核比电子重 1000 多倍,运动速度仅为电子速度的几千分之一,所以原子核的自旋磁矩仅为电子自旋磁矩的 1/1836.5,因而可以忽略不计。在晶体中,电子的轨道磁矩受晶格场的作用,其方向是变化的,不能形成一个联合磁矩,对外没有磁性作用。因此,物质的磁性不是由电子轨道磁矩和原子核自旋磁矩引起,而是主要由电子自旋磁矩引起。

人们在研究反常塞曼效应和碱金属光谱的双线结构时,发现这些现象不能用电子轨道理论解释之,因此逐渐认识到电子除轨道运动外,还存在自旋运动,其自旋磁矩为

$$|\mu_s| = 2\sqrt{s(s+1)}\mu_B \tag{1.8}$$

式中,s 为自旋量子数,其值仅能取 1/2;μ_B 称为玻尔磁子,是原子磁矩的基本单位,其大小为

$$\mu_B = \frac{eh}{4\pi m} \tag{1.9}$$

自旋磁矩在外磁场方向的投影为

$$\mu_{s,z} = 2m_s\mu_B \tag{1.10}$$

式中,$m_s = \pm 1/2$,表明电子自旋磁矩在空间只有两个可能的量子化方向,其绝对值大小为一个玻尔磁子。在考虑电子自旋磁矩时,满电子壳层的电子自旋磁矩相互抵消,为零,因此仅需考虑未被填满的电子壳层。原子中如有未被填满的电子壳层,其电子自旋磁矩未被抵消,原子具有永久磁矩。

在考虑铁磁性时,除电子自旋磁矩的作用外,还需考虑原子之间的相互作用。原子之间有两种类型的力,包括磁力和静电力,磁力相较于静电力作用要小得多,

因而可忽略不计，单考虑静电力作用。

　　根据量子力学的观点，相邻原子之间存在来源于静电力的交换作用，正是这种交换作用的影响，使得原子磁矩相互平行或反平行排列。交换作用是指处于相邻原子的、未被填满壳层上的电子之间发生的特殊相互作用，参与这种作用的电子已不再局限于原来的原子，而是"公有化"了，原子间好像在交换电子，故称为交换作用。以两个相邻氢原子为例解释这种交换作用，相邻氢原子的系统能量如下式所示：

$$E_1 = 2E_0 + k\frac{e^2}{r_{ab}} + C - A \quad \text{自旋平行} \tag{1.11}$$

$$E_2 = 2E_0 + k\frac{e^2}{r_{ab}} + C + A \quad \text{自旋反平行} \tag{1.12}$$

式中，E_0 指原子处于基态时的能量；C 是由于电子之间、核与电子之间的库仑作用而增加的能量项；A 是两个原子的电子交换位置而产生的相互作用能，称为交换能或交换积分，与原子间电子云的交叠程度有关。由上式看出，当 $A<0$ 时，$E_1>E_2$，电子自旋反平行排列为稳定态；当 $A>0$ 时，$E_1<E_2$，电子自旋平行排列为稳定态。相关实验表明，A 为负值，因而相邻氢原子的电子自旋磁矩是反向平行排列。

　　与氢原子间的交换作用类似，其他物质中也存在着同样的交换作用，正是由于这种交换作用使得原子磁矩平行排列，从而达到自发磁化。理论计算表明，交换积分 A 的正负及大小主要与原子核距离 R_{ab}（晶格常数）相关，如图 1.15 所示。

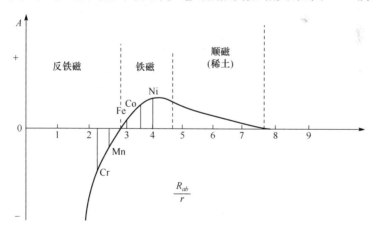

图 1.15　交换积分 A 与原子间距 R_{ab} 的关系

　　当原子间距很小时，A 为负值，电子自旋磁矩反平行排列，材料表现为反铁磁性或亚铁磁性；随着距离的减小，当原子间距 R_{ab} 与未被填满的电子壳层半径 r 之比 R_{ab}/r 大于 3 时，交换能为正值，相邻原子磁矩将同向平行排列，从而实现自发磁化，材料呈现铁磁性；当 R_{ab}/r 远大于 3 时，原子间电子云很少重叠，交换作用很弱,因而表现出顺磁性。

　　综上,材料若要表现出自发磁化,需满足两个条件:一是组成材料的原子或离子要具有未满电子壳层结构,二是晶格常数与原子半径的比值要大于3。

　　尽管铁磁性材料具有自发磁化,但是宏观未显磁性,针对这一现象,外斯发展了磁畴理论,并逐渐被实验所证实。所谓磁畴,是指磁性材料内部的一个个小区域,每个区域内的原子磁矩都像一个个小磁铁那样平行排列,产生同一方向的磁矩,铁磁体中的自发磁化是以磁畴形式存在的。但由于各个磁畴的磁化方向不同,未能表现出磁性,在外磁场的作用下,磁畴逐渐转向与外磁场相同的方向,铁磁体被磁化,宏观显磁性。

　　各个磁畴之间的界面称为磁畴壁,是一个磁畴向不同方向的另一磁畴逐渐转向的过渡区域,具有一定厚度。根据畴壁中磁矩的过渡方式,可将畴壁分为布洛赫壁和奈尔壁两种类型,布洛赫壁存在于大块铁磁晶体内,如图 1.16(a)所示,奈尔壁在极薄的磁性薄膜中存在,如图 1.16(b)所示。

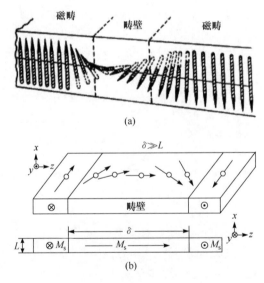

图 1.16　畴壁分类

(a)布洛赫壁;(b)奈尔壁

　　将铁磁性材料置于外磁场之中,则会发生磁化,产于与外磁场方向相同的磁化强度,其本质是外磁场对自发磁化形成的磁畴的作用过程,此过程分为磁畴的转动和畴壁的位移两个部分。对于一般晶态铁磁性材料来说,在弱磁场条件下,畴壁移动过程首先进行,而直到强磁场情况下,才会进行磁畴的转动过程,如图 1.17所示。

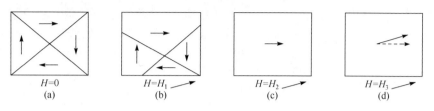

图 1.17　在增大外磁场时畴壁移动和磁畴转动示意图

在外磁场的作用下,铁磁性的磁化曲线可分为四个部分,如图 1.18 所示。OA 阶段:此为起始磁化阶段,在弱磁场的作用下,畴壁的位移为主要过程,磁化强度随外磁场缓慢增大,这种畴壁位移距离不大且为弹性位移,故在外磁场降低至零时,又可恢复原状,因而称为可逆畴壁位移阶段。AB 阶段:此阶段磁化强度随外磁场急剧增大,主要是不可逆畴壁过程对磁化做出贡献。此时,外磁场强度足够大,产生的驱动力能够使畴壁克服应力、杂质、缺陷等阻力而迅速位移,从而使磁化强度急剧增大,因为此过程克服了较大阻力,所以在外磁场撤除之后,畴壁不能恢复原位,为不可逆畴壁位移过程。磁化强度随外磁场的降低也不能减少到零,而是出现剩磁,这种现象称为磁滞。BC 阶段:此过程磁化强度随外磁场缓慢增加,此时的畴壁位移过程已结束,磁化强度的增加主要来源于磁畴的转动过程。在外磁场的作用下,磁畴逐渐转向与外磁场相同的方向,这时磁畴内的磁矩方向已转到最接近于外磁场方向的晶体易磁化方向上,磁化强度达到饱和。CD 阶段:此过程为顺磁化阶段,磁畴内部的原子磁矩在强磁场作用下克服热扰动继续向外磁场方向转动,磁化强度随外磁场极为缓慢地增加,磁化曲线趋于水平。

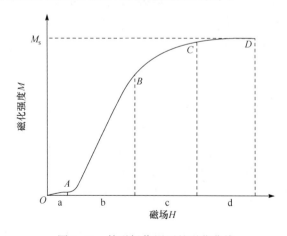

图 1.18　外磁场作用下的磁化曲线

当铁磁性材料在正负交替的外磁场的作用下反复磁化时,其磁化过程经历着一个循环过程,由此形成的闭合曲线称为磁滞回线,如图 1.19 所示。铁磁性的磁化曲线可以是磁化强度随外磁场强度的变化曲线(M-H),也可以是磁感应强度随外磁场强度的变化曲线(B-H 曲线)。在铁磁性材料中,M 的数值远大于 H,所以 $B = \mu_0(H+M) \approx \mu_0 M$,因而 B-H 曲线的线形和 M-H 曲线的线形近似相同,图 1.19 中采用的是 B-H 曲线。

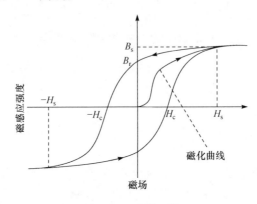

图 1.19　磁滞回线

当铁磁体被磁化至饱和后,逐渐减小外磁场,由于磁畴之前经历了不可逆磁化过程,因而在外磁场减小至零时,磁畴磁化方向不会恢复至原来无规则排列的状态,而是转向最靠近外磁场的易磁化方向,因此出现剩余磁感应强度 B_r(或剩余磁化强度 M_r)。当外磁场逐渐向相反方向增强至磁感应强度 B 降至零,此时的磁场强度称为矫顽力,通常用 H_c 表示。矫顽力代表了材料在磁化以后保持磁化状态的能力,若材料的矫顽力很高,则磁化和去磁都很困难,这类材料称硬磁材料,反之为软磁材料。当外磁场方向逐渐反向增大至反向磁感应强度达到饱和,此时磁畴内部磁矩转动到与反向磁场同向。

1.4.3　磁各向异性

对于单晶材料,其磁化曲线随晶轴方向的不同而有所差别,即磁性随晶轴方向显示各向异性,称为磁各向异性。磁各向异性存在于所有铁磁性晶体中,如图 1.20 所示为 Fe、Ni、Co 的磁各向异性。由于单晶体不同晶向上的原子排列不同,原子间相互作用不同,因而使铁磁体达到饱和磁化强度时所需能量是不同的,此能量称为磁化功。沿磁化功最小方向的晶轴称为易磁化轴;沿磁化功最大方向的晶轴称为难磁化轴。

铁磁体从退磁状态被磁化到饱和磁化强度时,对材料所做的磁化功为

$$W = \mu_0 \int_0^{M_s} H dM = \int_0^M dE = E(M) - E(0) \qquad (1.13)$$

沿不同的方向的磁化能不同,反映了磁化强度矢量在不同取向的能量不同,当 M_s

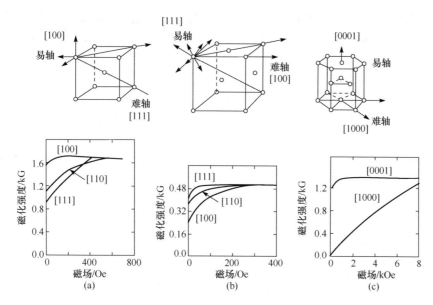

图 1.20　Fe(a)、Ni(b)、Co(c)的易磁化和难磁化方向的晶体结构(上)和相应的磁化曲线(下)

沿易磁化轴时所需能量最低,沿难磁化轴时,所需能量最高。上式右端为铁磁性材料在磁化过程中所增加的自由能,由图 1.20 中不同磁化曲线可看出,沿不同晶轴磁化时所增加的自由能不同,这种与磁化方向有关的自由能称为磁晶各向异性能。

1.4.4　磁致伸缩效应与压磁效应

磁致伸缩效应就是在外磁场作用下,磁性材料由于自身磁化状态的改变而引起的材料的形状和尺寸的变化,去掉外磁场,则又恢复到原来的形状和尺寸的行为。1984 年由著名物理学家 James P. Joule 首先发现,随后 Villari 发现了磁致伸缩的逆现象[41],也就是对铁磁体材料施加压力或张力(拉力),材料在长度发生变化的同时,内部的磁化状态也随之改变的现象,属于磁致伸缩的逆效应,也称为压磁效应。磁致伸缩效应是磁性材料的基本现象,广泛存在于铁磁性、亚铁磁性、反铁磁性等材料中。从磁致伸缩现象被发现至今,已经历了一个多世纪,人们对这种材料的研究一直没有停止过,而且越来越显示出极其重要的应用价值。

磁致伸缩效应的大小可以用磁致伸缩系数(或应变)λ 来描述,λ 以材料的相对变形量来表示,即

$$\lambda = \Delta l/l_0 = (l_H - l_0)/l_0 \tag{1.14}$$

式中,l_0 代表磁性材料原来的长度;l_H 代表磁性材料在外磁场 H 作用下伸长(或缩短)后的长度。

一般情况下,沿不同方向测量出的 λ 不同。沿平行磁场方向测量的磁致伸缩系数用 λ// 来表示,称为横向磁致伸缩系数;沿垂直磁场方向测量的磁致伸缩系数用来 λ⊥ 表示,称为纵向磁致伸缩数系数。即

$$\lambda_{//} = [\Delta l/l_0]_{//} = [(l_H - l_0)/l_0]_{//} \tag{1.15}$$

$$\lambda_{\perp} = [\Delta l/l_0]_{\perp} = [(l_H - l_0)/l_0]_{\perp} \tag{1.16}$$

图 1.21 是几种铁磁性材料的磁致伸缩系数随磁场变化的示意图。

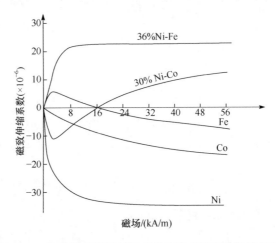

图 1.21　几种铁磁性材料的磁致伸缩系数随磁场的变化

从图中可以看到,λ 是磁场的函数。在低磁场下,λ 随着磁场强度增加而增大;达到一定的磁场强度时,λ 达到一个稳定的饱和值,称为饱和磁致伸缩系数,用 λ_s 来表示。对于某一种固定的磁性材料来说 λ_s 是个常数。而且饱和磁致伸缩系数 λ_s 可正、可负。λ_s 的正负号是这样规定的:随磁场的磁化强度 M 的增加至饱和磁化强度 M_s,磁性材料沿磁化方向发生伸长,则 λ_s 为正;随磁场的磁化强度 M 的增加至饱和磁化强度 M_s,磁性材料沿磁化方向发生缩短,则 λ_s 为负。除此之外,磁致伸缩系数 λ 也存在磁滞现象。当磁场从正到负循环变化一周时,可得到一条磁致伸缩系数的回线。

1.4.5　超磁致伸缩材料及其应用

磁致伸缩效应最初的应用始于 20 世纪 40 年代,那时的材料主要是 Ni、Co、Fe 的合金和化合物,如 $NiFe_2O_4$,$CoFe_2O_4$,Co_xFe_{1-x},Ni_xFe_{1-x} 等[42],主要应用于超声波方面。磁致伸缩系数为 $10^{-5} \sim 10^{-6}$ 的数量级,1950 年前后,又研制出了名为 Alfenol 的 Fe-30%Al 合金磁致伸缩材料,其磁致伸缩系数达到了 100×10^{-6},在 60 年代得到了应用[43]。到了 20 世纪 60 年代发现了稀土类磁致伸缩材料,与传统磁致伸缩材料相比,其磁致伸缩系数要高出 100 ~ 1000 倍以上。从 1963 年到

1965 年,Clark 等[44-46]致力于稀土材料的磁致伸缩效应研究,并先后发现一些稀土金属(Gd、Tb、Dy、Ho 和 Er)的单晶在 4.2 K 以下具有巨大的磁致伸缩系数。其中 Tb 和 Dy 单晶在特定的晶体学方向上其最大的磁致伸缩系数可以达到 2360×10^{-6} 和 2200×10^{-6},是普通的铁磁性材料 Fe 和 Ni 的 1000 倍和 200 倍。但是由于这些稀土元素的居里温度 T_c 太低,在室温下呈现顺磁态,磁致伸缩效应几乎完全消失,使得稀土金属无法在室温附近使用。因此应用价值受到了极大的限制。1969 年,E. Callen 等提出了"过渡金属元素的强磁性能够增加稀土元素在较高温度下的磁有序"的设想[47],在理论上为研制可应用于室温下的较大磁致伸缩系数的材料指出了一个新的方向。自此以后,学者们致力于研究各种稀土-过渡金属化合物的结构、磁性和磁致伸缩性质。

从 1971 年开始 N. C. Koon[48] 和 A. E. Clark[49] 等陆续研究了在中重稀土元素和 Fe、Co、Ni 的金属间化合物中寻找 T_c 高于室温的具有大磁致伸缩系数的材料。研究发现 RFe_2(其中 R=Tb、Dy、Ho、Er、Tm)系列化合物的磁致伸缩效应不仅在低温下非常显著,而且室温下也具有很大的磁致伸缩系数,其居里温度 T_c 甚至高达 $500 \sim 700$ K,这种具有非常大的室温磁致伸缩效应的材料被称为超磁致伸缩材料。$ReFe_2$ 是具有立方 $MgCu_2$ 结构的 Laves 相化合物,结构如图 1.22 所示。该结构由稀土原子和铁原子的点阵穿插而成,铁原子位于一系列的四面体的点,稀土原子则采取与金刚石结构相同的立方排列方式,每个稀土原子有 4 个配位的等距离的稀土原子和 12 个与其距离略近的铁原子。表 1.1 列出了几种典型的超磁致伸缩材料的饱和磁致伸缩系数 λ_s 及其居里温度 T_c[50]。从表中可以看出,这种 RFe_2 系列 Laves 相化合物能够克服传统的磁致伸缩材料的缺陷并能得到更广泛的应用,从此,对于磁致伸缩材料的研究进入了一个崭新的时代。

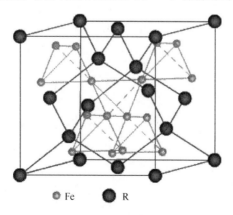

● Fe　　● R

图 1.22　RFe_2 立方 $MgCu_2$ 结构的 Laves 相结构示意图

表 1.1　一些超磁致伸缩材料的饱和磁致伸缩系数 λ_s 及其居里温度 T_c

化合物	结构	$\lambda_s/10^{-6}$	测量温度	T_c/K
TbFe$_2$	MgCu$_2$	$+1753$	室温	696～711
DyFe$_2$	MgCu$_2$	433	室温	633～638
SmFe$_2$	MgCu$_2$	-1560	室温	676～700
PrFe$_2$	MgCu$_2$	1000	室温	500
ErFe$_2$	MgCu$_2$	299	室温	590～595
TbFe$_3$	PuNi$_3$	693	室温	648～655
DyFe$_3$	PuNi$_3$	352	室温	600～612
SmFe$_3$	PuNi$_3$	-211	室温	650～651

　　自从发现了超磁致伸缩材料,国内外学者对于这种材料的研究就一直没有停歇过,并不断地取得很多突破性进展。图 1.23 给出了两种典型的 RFe$_2$ 系列 Laves 相化合物 TbFe$_2$ 和 DyFe$_2$ 合金在室温下平行磁场和垂直于磁场方向的磁致伸缩系数随磁场变化的曲线。

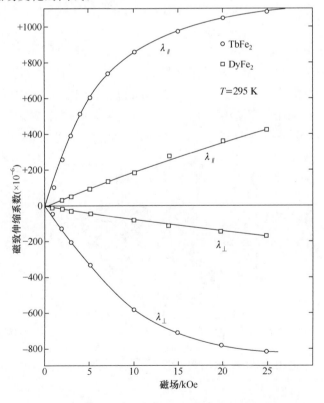

图 1.23　室温下 TbFe$_2$ 和 DyFe$_2$ 合金的磁致伸缩系数曲线

从图 1.23 中可以看到,要达到饱和磁致伸缩需要很高的磁场来驱动(TbFe$_2$需要 25 kOe,DyFe$_2$ 的饱和磁场更高)。主要原因来源于 RFe$_2$ 具有很大的磁晶各向异性。磁晶各向异性对材料的磁致伸缩效应起到非常重要作用。一方面,如果不存在磁晶各向异性,就不会有磁致伸缩效应;另一方面,磁晶各向异性的存在阻碍了磁畴的旋转和畴壁的移动,使饱和磁化变得更加困难。这就使得获得较大磁致伸缩系数所需要的驱动磁场更高,在一定程度上限制了超磁致伸缩材料的推广和应用。为了增加低场下的磁致伸缩效应,人们想到可以利用磁致伸缩系数符号相同,而磁晶各向异性常数符号相反的 RFe$_2$ 化合物相互补偿。一些 RFe$_2$ 型化合物确实存在磁致伸缩系数相同、磁晶各向异性常数的符号相反的现象[51],1974 年,A. E. Clark 等成功地发现了三元合金 Tb$_{1-x}$Dy$_x$Fe$_{2-y}$($0.27 \leqslant x \leqslant 0.3, 0 \leqslant y \leqslant 0.5$)在室温附近有最大的磁致伸缩与磁各向异性的比值[52]。图 1.24 是一种 Tb$_{1-x}$Dy$_x$Fe$_{2-y}$ 合金的磁致伸缩系数曲线,从图中可以看出,饱和磁场相比于 TbFe$_2$ 合金要下降许多,因此相关方面的研究得到极大关注[53-57]。并于 20 世纪 80 年代末实现了商品化。如美国的 Edge Technologies 公司推出的商标为 Ter-fenol-D 的超磁致伸缩材料,其典型成分为 Tb$_{0.27}$Dy$_{0.73}$Fe$_{1.9}$。最近,国内 Shi 等[58,59]通过高温高压的方法合成了 Pr$_x$Tb$_{1-x}$Fe$_{1.90}$、Tb$_x$Nb$_{1-x}$Fe$_{1.90}$ 超磁致伸缩材料,研究发现,它们具有更高的磁致伸缩系数和较低的饱和磁场。

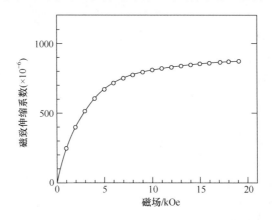

图 1.24　一种 Tb$_{1-x}$Dy$_x$Fe$_{2-y}$ 合金的磁致伸缩曲线

稀土超磁致伸缩材料的研制成功,使电磁能-机械能的转换技术获得突破性进展,引发了一场智能机电产业革命。作为一种新型高效功能材料,其性能远远优于压电陶瓷等其他材料。表 1.2 列举了典型的超磁致伸缩材料 Terfenol-D 和 Ni、PZT 物理性能的比较[60]。基于这些性能优点,超磁致伸缩材料换能器展现出大位移、强力、大功率以及控制精密和响应速度快等优势。利用超磁致伸缩材料,可研制出大量的应用器件,如各种形式的换能器、执行器和传感器等[61-63]。这些智能器件广泛用于海洋工程、航空航天工业、机械制造业、医疗业和光学与光纤维工业等方面。因此,作为一种优异的功能材料,超磁致伸缩材料在现代智能系统中具有无法取代的地位。

表 1.2　超磁致伸缩材料 Terfenol-D 和 Ni、PZT 物理性能的比较

性能参数	Terfenol-D	Ni	PZT
饱和磁致伸缩应变 $\lambda_s/(10^{-6})$	1500~2000	-40	400,250,100~600,100~300,150
动态磁致伸缩系数 $d_{33}/(m/A)$	-1.7×10^{-6}	—	
/(m/V)		—	0.3×10^{-6}
机电耦合因数 k_{33}	0.7~0.75	0.3	0.48~0.72,0.5~0.6,0.45,0.68
能量密度/(kJ/m³)	14~25,12	0.03	0.96~1.0,0.65
能量转换效率/%	49~56	9	23~52
响应时间/μs	<1		10
居里温度/℃	380	>500	300,130~400

同时,随着稀土铁合金超磁致伸缩材料的研究应用与发展,用超磁致伸缩薄膜制作微传感与驱动器件,可以克服块状材料中存在的涡流损耗高、力学性能差、驱动磁场较高、价格昂贵等缺点。晶态超磁致伸缩薄膜虽然具有很大的饱和磁致伸缩值 λ_s,但由于其磁晶各向异性较大,故低磁场下的磁致伸缩值 λ 很小。采用溅射法制备的超磁致伸缩薄膜的结构往往为非晶态结构,磁晶各向异性较小,在低磁场下具有较大的磁致伸缩特性,但 λ_s 相对较小。目前的薄膜型超磁致伸缩微执行器主要采用薄膜式和悬臂梁式,结构简单,便于制造。Lim 在 Si(100)衬底上淀积 SmFe₂ 薄膜,基于此种样品制成了线性超声微马达[64]。德国的 Quandt 等[65]设计了一种 TbDyFe 悬臂梁式微阀和微泵,通过外磁场控制作为通道口开关的超磁致伸缩薄膜的形变,以控制流量的大小,使驱动磁场较以往的设计大大减小。

衡量超磁致伸缩薄膜器件优劣的主要性能指标是饱和磁致伸缩系数和压磁系数。饱和磁致伸缩系数的大小决定了传感器及驱动器的使用范围;压磁系数(即磁致伸缩应变随外磁场变化的变化率)的大小决定了器件的灵敏度。对于薄膜型微传感器及驱动器而言,要求超磁致伸缩薄膜能在低的磁场下驱动,且磁致伸缩应变量随驱动磁场的变化尽可能大,因此超磁致伸缩薄膜在低磁场下的磁敏性问题始终是研究的重点。总之,由于具有非常良好的磁致伸缩性能,超磁致伸缩材料在传感器及驱动器领域具有诱人的应用前景。

1.5　多铁性材料的磁电效应

随着各类学科间的交叉渗透,单一性能的材料已很难满足某些高要求的性能指标。因而,功能复合材料的研究成为材料科学的研究热点。功能复合材料是由两种或多种性质不同的材料通过物理或化学复合,组成具有两个或多个相态结构的材料[66]。该类材料不仅性能优于组分中的任意一个单独的材料,而且还可以具有单独组分不具有的独特性能。功能复合材料除了力学性能以外,还包括其他物理、化学、生物等其他性能的复合材料,包括压电、导电、超导、防热、雷达隐身、永磁、光致变色、吸声、阻燃、生物自吸收等种类繁多的复合材料,具有更加广阔的应用前景。因此,功能复合材料是未来高性能材料和智能材料的一个重要发展方向。磁电复合材料是一种新型的多功能材料,利用复合材料中磁性材料的磁致伸缩效应和压电相材料的压电效应的乘积特性来实现磁电性能的直接转换。磁致伸缩材料产生的磁-力转换和压电材料产生的力-电转换,通过两相界面的应力传递和耦合作用,即

$$磁电效应 = \frac{磁化}{机械} \times \frac{机械}{电极化}, \quad 磁电效应 = \frac{电极化}{机械} \times \frac{机械}{磁化}$$

因此,磁电复合材料可以实现磁能和电能之间的转化,目前已经成为一种非常重要的功能材料[67,68],越来越引起各国学者的普遍重视。

1.5.1　磁电效应及其表征参数

磁电效应(magnetielectric effect)是指材料在一定外部磁场作用下的介电极化,或在外加电场作用下的磁化的现象[69]。

表征磁电效应大小的重要参量是磁电电压系数 α_E,其表达式为

$$\alpha_E = \left(\frac{\mathrm{d}E}{\mathrm{d}H}\right)_{T, H_{\mathrm{bias}}, f} \tag{1.17}$$

式中,E 表示电场强度;H 表示磁场强度;T 表示温度;f 表示频率;H_{bias} 为外部偏磁场。由于磁电材料在外加磁场强度 H 的作用下产生电极化所对应电场为 E,所以 α_E 的大小可以用来表征磁电材料的磁电转换效应[70]。

早在 1894 年,法国著名物理学家 Pierre Curie 预测了磁电效应的存在[71]。直到 1960 年,磁电效应才真正地被发现,Landau 和 Lifshitz 在反铁磁化合物 Cr_2O_3 单晶中发现存在磁电转换效应,原因是在 Cr_2O_3 单晶中可能同时存在自发的自旋磁化和自发铁电极化,理论上阐明了这一机理并在实验中得到验证[72-76]。磁电效应研究的初级阶段,也发现某些钙钛矿结构的化合物(例如 $BiFeO_3$)中存在着磁电转换效应[77-79]。这些单相化合物其磁电耦合反映的是铁电/反铁电序与铁磁/反

铁磁序的耦合,基本上是高阶(二阶以上)的耦合,因此内禀上是较弱的物理效应,其磁电电压系数一般不超过 20 mV/(cm·Oe)。更难以接受的是,这些材料的居里温度都远远低于室温,当温度在居里温度以上时,磁电效应几乎消失[80-82]。这使得单相磁电材料器件的应用和推广变得非常困难。在这个背景下,随着磁致伸缩材料及压电材料研究的发展,采用磁致伸缩材料与压电材料复合的方式来获得室温下大磁电效应复合材料的研究引起各国学者的关注。

1.5.2　磁电复合材料的发展历史

当单相磁电材料不能满足开发应用的时候,对磁电复合材料的研究就成为各国学者关注的焦点。运用复合的方法设计材料的组分制备多重铁性复合材料,由于复合材料中的乘积效应使得原本没有磁电效应的组分经过复合产生磁电效应,这也为高性能磁电材料的制备开辟了一个新的途径。1972 年,荷兰科学家 Van Suchtelen 等通过共晶生长法制备 $CoFe_2O_4$-$BaTiO_3$ 磁电复合材料[83],随后采用相同的方法获得磁电电压转换系数高达 163 mV/(cm·Oe)的 $Ni(Co,Mn)Fe_2O_4$-$BaTiO_3$ 磁电复合材料[84],比单相 Cr_2O_3 单晶的磁电系数高一个数量级。但共晶生长技术要求较高,难于实现,而且制备温度高,不可避免地发生两相反应,从而产生一些不可预料的相[85],进而大大降低了铁电相和铁磁相之间的耦合效率。1978 年,同样是 Philips 实验室的 Boomgaard 等通过 $BaTiO_3$ 粉末与 $Ni(Co,Mn)Fe_2O_4$ 粉末外加过量 TiO_2,进行简单的固相烧结,获得了磁电电压系数最大为 80 mV/(cm·Oe)的磁电复合材料[86]。尽管其磁电电压转换系数没有共晶生长法制得的材料高,但是由于其方法简单,使得此技术还是有良好的发展前景。

到目前为止,固相烧结磁电复合材料主要有以下几个体系:铁氧体/锆钛酸铅(PZT)[87,88]、$Tb_xDy_{1-x}Fe_{2-y}$/PZT[89,90] 及 $Tb_xDy_{1-x}Fe_{2-y}$/聚偏四氟乙烯(PVDF)[91,92]等。其中,$Tb_xDy_{1-x}Fe_{2-y}$ 和 PZT 是单相效应较强的铁磁相和铁电相材料,因此有较高的磁电电压系数。但是由于材料脆性很大而且稀土元素具有非常强的氧化活性,所以常规的固相烧结方法无法烧结这种磁电复合材料。2001 年,Ryu 等在两层 TbDyFe 合金之间夹一层 PLZT 压电陶瓷,然后用黏结剂将铁电层与铁磁层黏结在一起,制成了一种层状的三明治结构[93,94]。所制备出的层状材料在室温下的最大的磁电电压系数高达 4680 mV/(cm·Oe),远远高于固相烧结法所得的磁电复合材料的值。由于层状磁电复合材料结构简单,制备方法容易,而且由于压电相与压磁相之间没有相互稀释混杂,故磁电转换系数大。因此,层状磁电复合材料成为大多磁电复合材料研究热点[95-98]。由于层状复合材料磁电效应的影响因素很多,因此复合材料的组元的优化、材料的复合连通方式的结构设计以及实现性能的预测是层状复合材料研究工作的重点。

1.5.3 磁电复合材料的应用

复合材料是功能材料研究和发展的必然趋势。磁电复合材料除可以作为高精度的微型磁场或电场传感器、磁记录元件外，也为微智能元器件的设计提供新思路。对于磁致伸缩薄膜材料而言，以压电材料作为淀积衬底，可以使磁致伸缩薄膜具有电敏特性。磁致伸缩/压电复合薄膜的磁化率与应力变化规律可以用于应变传感器的研究[99]。基于磁致伸缩/压电复合结构可以进行智能型滤波器的设计，其设计图如图 1.25 所示。

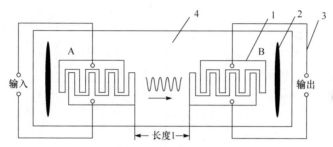

1-梳型电极; 2-吸收体; 3-引线; 4-压电基板

图 1.25　智能型滤波器设计图

磁电复合材料的另一个主要作用是进行磁场探测和电流检测，由于直流偏磁场和交流磁场对材料的磁电电压系数都有影响，因此利用材料的磁电效应，可以将复杂成分的磁场信号转换成易于测量的电信号，有效监测磁场的变化情况，可以替代目前广为应用的霍尔探头。利用这个原理，也可以在记录磁头和电流、微波检测等方面进行应用。磁电复合材料也可应用于微型换能器方面，因为磁场能和电场能同时存在于这类材料中，当材料发生磁电耦合时，它的能量在两者之间转换，也就是能够实现磁场能转换到电场能或电场能转换到磁场能。这具有很大的实用价值。与单相材料相比，磁电复合材料具有能量转换效率高、测量精确、制造成本低、集成度高等诸多优点而一直为研究人员所青睐。

本章参考文献

[1] Feynman R P. 在美国物理学会年会上的演说(1959 年 12 月 29 日). Caltech's Engineering and Science, 1960.

[2] 朱静. 纳米材料和器件. 北京: 清华大学出版社, 2003.

[3] Moriarty P. Nanostructured materials. Rep. Prog. Phys., 2001, 64(3): 297-381.

[4] 刘国奎, 王中林. 纳米科学与纳米技术前瞻(第一届国际华人科学家纳米科学技术研讨会论文集). 北京: 清华大学出版社, 2002.

[5] 王广厚. 团簇物理学. 上海: 上海科学技术出版社, 2004.

[6] Haberland H. Cluster of Atoms and Molecules. Germany: Springer-Verlag,1994.

[7] Stein G D. Atoms and molecules in small aggregates. Phys. Teach. ,1979,17(8): 503-512.

[8] Friedl J. The physics of clean metal surfaces. Ann. de. Phys. ,1976,1(6): 257-307.

[9] Wang G H,In: Chen Y W,Leung A F,Yang C N,et al. Proc of the 3nd Asia-Pacific Phys Conf. Singapore: World Scientific,1988:1004-1007.

[10] Kaiser B,Rademann K. Photoelectron spectroscopy of neutral mercury clusters Hg_x (x-less-than-or-equal-to-109) in a molecular-beam. Phys. Rev. Lett. ,1992,69(22): 3204-3207.

[11] Couchaman P R,Ryan C L. The lindemann hypothesis and the size-dependence of melting temperature. Phil. Mag. A,1978,37(3): 369-373.

[12] Zhao J,Chen X,Wang G H. Critical size for a metal-nonmetal transition-metal clusters. Phys. Rev. B,1994,50(20): 15424-15426.

[13] Heer De. The physics of simple metal clusters: experimental aspects and simple models. Rev. Mod. Phys. , 1993,65(3): 611-676.

[14] Binns C. Nanoclusters deposited on surfaces. Surf. Sci. Rep. ,2001,44(1-2): 1-49.

[15] Jensen P,Barabasi A,Larralde H. Deposition,diffusion,and aggregation of atoms on surfaces: a model for nanostructure growth. Phys. Rev. B,1994,50(20): 15316-15329.

[16] Yoon B,Akulin V M, Brechignac C. Morphology control of the supported islands grown from soft-landed clusters. Surf. Sci. ,1999,443(1-2): 76-88.

[17] Song F Q,Li Z L,Hong J M,et al. Ion sputtering nanostructuring crystalline MgF_2 surface and its energy-dependent surface roughness. Inter. J. Mod. Phys. B,2005,19(4): 157-164.

[18] Shi Z T,Han M,Song F Q,et al. Reduction features of NO over a potassium-doped $C_{12} A_7$-O catalyst. J. Phys. Chem. B,2006,110(24): 11854-11862.

[19] Antony J,Chen X B,Morrison J,et al. ZnO nanoclusters: synthesis and photoluminescence. Appl. Phys. Lett. ,2005,87(24): 241917.

[20] Zhao Z W, Tay B K,Chen J S,et al. Optical properties of nanocluster-assembled ZnO thin films by nanocluster-beam deposition. Appl. Phys. Lett. ,2005,87(25): 251912.

[21] Antony J,Pendyala S,Sharma A,et al. Room temperature ferromagnetic and ultraviolet optical properties of Co-doped ZnO nanocluster films. J. Appl. Phys. ,2005,97(10): 10D307.

[22] Antony J,Pendyala S,McCready D E,et al. Ferromagnetism in Ti-doped ZnO nanoclusters above room temperature. IEEE Trans. Magn. ,2006,42(10): 2697-2699.

[23] BanZ G, Alpay S P. Fundamentals of graded ferroic materials and devices. Phys. Rev. B, 2003,67(18): 184104.

[24] Schmid H. Multi-ferroic magnetoelectrics. Ferroelectrics,1994,162(1): 317-338.

[25] Singha M K, Yang Y, Takoudis C G. Synthesis of multifunctional multiferroic materials from metalorganics. Coordination Chemistry Reviews,2009,253(23-24): 2920-2934.

[26] Smolenskii G A,et al. Segnetoelectrics and Antisegnetoelectrics. Leningrad:Nauka Publishers,1971:70-72.

[27] Venevtsev Y N,Gagulin V V. Search,design and investigation of seignettomagnetic oxides. Fer-

roelectrics，1994，162(1)：23-31.

[28] Khomskii D I. Multiferroics：different ways to combine magnetismand ferroelectricity. Journal of Magnetism and Magnetic Materials，2006，306(1)：1-8.

[29] Smolenskii G A，Isupov V A，Agronovskaya A I. New ferroelectrics of complex composition of the type A22 ＋(BI3＋ BII5＋) O-6.1，Sov Phys Solid State，1959，1(1)：150-151.

[30] Achenbach G D，James W J，Gerson R. Preparation of single-phase polycrystalline $BiFeO_3$. Am J. Ceram Soc.，1967，50(8)：437.

[31] Kubel F，Schmid H. Structure of a ferroelectric and ferroelastic monodomain crystal of the perovskite $BiFeO_3$. Acta Crystallogr. B，1990，46：698-702.

[32] Wang J，Neaton J B，Zheng H，et al. Epitaxial $BiFeO_3$ multiferroic thin film heterostructures. Science，2003，299(5613)：1719-1922.

[33] Hill N A. Why are there so few magnetic ferroelectrics. J. Phys. Chem. B，2000，104 (29)：6694-6709.

[34] Hill N A，Filippetti A. Why are there any magnetic ferroelectrics. J. Magn. Magn. Mater.，2002，242：976-979.

[35] Scott J F. Data storage：multiferroic memories. Nature Materials，2007，6(4)：256-257.

[36] Bibes M，Barthelemy A. Multiferroics：towards a magnetoelectric memory. Nature Materials，2008，7(6)：425-426.

[37] Jona F，Shirane G. Ferroelectric Crystals. London：Pergamon Press，1962.

[38] Raghavan C M，Do D，Kim J W，et al. Effects of transition metal ion doping on structure and electrical properties of $Bi_{0.9}Eu_{0.1}FeO_3$ thin films. J. Am. Ceram. Soc.，2012，95(6)：1933-1938.

[39] Pabst G W，Martin L W，Chu Y H，et al. Leakage mechanisms in $BiFeO_3$ thin films. Appl. Phys. Lett.，2007，90(7)：072902-072902-3.

[40] Juan P C，Lin C L，Liu C H，et al. Temperature-dependent current conduction of metal-ferroelectric ($BiFeO_3$)-insulator (ZrO_2)-silicon capacitors for nonvolatile memory applications. Thin Solid Films，2013，539：360-364.

[41] Lee E W. Reports on Progress in Physics. 1995，18(2)：184.

[42] 近角聪信. 铁磁体手册. 北京：冶金工业出版社，1985.

[43] 李养贤. 稀土金属间化合物磁致伸缩特性及微位移技术. 河北工业大学博士学位论文，1998.

[44] Legvold S，Alstad J，Rhyne J. Giant magnetostriction in dysprosium and holmium single crystals. Phys. Rev. Lett.，1963，10(12)：509-511.

[45] Clark A E，DeSavage B F，Bozorth R. Anomalous thermal expansion and magnetostriction of single-crystal dysprosium. Phys. Rev. A，1965，138(1A)：216-224.

[46] Rhyne J J，Legvold S. Magnetostriction of Tb single crystals. Phys. Rev. A，1965，138(2A)：507-514.

[47] Callen E. Proc. Metallic magnetoacoustic materiala workshop. Boston M A ed. Gardner F S，1969：75-77.

[48] Koon N C, Schindler A, Carter F. Huge magnetocrystalline anisotropy in cubic rare earth-Fe_2 compounds. Phys. Lett. A, 1972, 42(2): 160-162.

[49] Clark A E, Belson H. Giant room-temperature magnetostrictions in $TbFe_2$ and $DyFe_2$. Phy. Rev. B, 1972, 5(9): 3642-3644.

[50] Clark A E. Ferro-magnetic Materials. ed. By Wohifarth E P, north-Holland Publishing Co, 1980.

[51] Cullen J R, Blessing G, Rinaldi S, et al. Magnetic and elastic properties of rape earth-iron materials. J. Mag. Mag. Mat. , 1978, 7(1-4): 160-167.

[52] Clark A E, et al. Magnetic and magnetoelastic properties of highly magnetostrictive rare earth-iron laves phase compounds. AIP Conf. Proc. , 1974, 18: 1015-1029.

[53] Ruiz de Angulo L, Abell J S, Harris I R. Influence of hydrogen on the magnetic properties of terfenol-D. J. Appl. Phys. , 1994, 76(10): 7157-7159.

[54] Wu L, Zhan W S, Chen X C, et al. The effects of boron on $Tb_{0.27}Dy_{0.73}Fe_2$ compound. J. Mag. Mag. Mat. , 1995, 139(3): 335-338.

[55] Chen F M, Fang J S, Chin T S. The effect of carbon on magnetostrictive properties of the $Tb_{0.3}Dy_{0.7}Fe_2$ alloy. IEEE Trans. Magn. , 1996, 32(5): 4776-4778.

[56] Shih J C, Chin T S, Chen C A, et al. The effect of beryllium addition on magnetostriction of the $Tb_{0.3}Dy_{0.7}Fe_2$ alloy. J. Mag. Mag. Mat. , 1991, 191(1-2): 101-106.

[57] Ren W J, Zhang Z D, Markosyan A S, et al. The beneficial effect of the boron substitution on the magnetostrictive compound $Tb_{0.7}Pr_{0.3}Fe_2$. J. Phys. D: Appl. Phys. , 2001, 34(20): 3024-3027.

[58] Shi Y G, Tang S L, Wang R L, et al. High-pressure synthesis of giant magnetostrictive $Pr_xTb_{1-x}Fe_{1.9}$ alloys. Appl. Phys. Lett. , 2006, 89(20): 202503-202503-3.

[59] Shi Y G, Tang S L, Huang Y J, et al. Anisotropy compensation and magnetostriction in $Tb_xNd_{1-x}Fe_{1.9}$ cubic laves alloys. Appl. Phys. Lett. , 2007, 90(14): 142515-142515-3.

[60] 杨大智. 智能材料与智能系统. 天津: 天津大学出版社, 2000.

[61] Claesyssen F, et al. In Proc. of the Institute of Acoustics, Birmingham, 1995, 17(3): 100-102.

[62] Claesyssen F, et al. Analysis of the magnetic fields in magnetostrictive rare earth-iron transducers. IEEE Trans. Magn. , 1990, 26(2): 975-978.

[63] O'Handley R C, Li Y Q. An innovative passive solid state magnetic sensor. J. Appl. Sensing Technol, 2000, 17: 10-15.

[64] Lim S H, Han S H, Kim H J, et al. Prototype microactuators driven by magnetostrictive thin films. IEEE Trans. Magn. , 1998, 34(4): 2042-2044.

[65] Quandt E, Seemann K. Fabrication and simulation of magnetostrictive thin-film actuators. Sensors and actuators A, 1995, 50(1-2): 105-109.

[66] 皮亚蒂 G. 复合材料进展. 赵渠森, 伍临尔, 译. 北京: 科学出版社, 1984.

[67] 干福熹. 信息材料. 天津: 天津大学出版社, 2000.

[68] 吴人洁. 复合材料. 天津: 天津大学出版社, 2000.

［69］李国栋．当代磁学．合肥：中国科学技术大学出版社，1999.

［70］Bichurin M I, Petrov V M. Theory of low-frequency magnetoelectric effects in ferromagnetic-ferroelectric layered composites. J. Appl. Phys. ,2002,92(12): 7681-7683.

［71］Curie P J. Sur la symétrie dans les phénomènes physiques. Physique 3e series,1894,3: 393-396.

［72］Landau L D, Lifshitz E M. Electrodynamics of Continuous Media. America: Addison-Wesley,1960.

［73］Astrov D N. The magnetoelectric effect in antiferromagnetics. Zh Exp Teor Fiz,1960,38: 984-985[Sov Phys JETP,1960,11: 729-733].

［74］Astrov D N. Magnetoelectric effect in chromium oxide, Zh Exp Teor Fiz,1961,40: 1035-1041[Sov Phys JETP,1961,13: 729-733].

［75］Folen V J, Rado G T, Stalder E W. Anisotropy of the magnetoelectric effect in Cr_2O_3. Phys. Rev. Lett. ,1961,6(11): 607-608.

［76］Rado G T, Folen V J. Observation of the magnetically induced magnetoelectric effect and evidence for antiferromagnetic domains. Phys. Rev. Lett. ,1961,7(8): 310-311.

［77］Lebeugle D, Mougin A, Viret M, et al, Electric field switching of the magnetic anisotropy of a ferromagnetic layer exchange coupled to the multiferroic compound $BiFeO_3$. Phys. Rev. Lett. 2009,(103):257601.

［78］Foner S, Hanabusa M. Magnetoelectric effects in Cr_2O_3 and $(Cr_2O_3)_{0.8}$ · $(Al_2O_3)_{0.2}$. J. Appl. Phys. ,1963,34(4): 1246-1247.

［79］Hornreich R H. The magnetoelectric effect: materials, physical aspects, and applications. IEEE Trans. Magn. ,1972,8(3): 584-589.

［80］Bichurin M. Proceedings of the 3rd International Conference on Magnetoelectric Interaction Phenomena in Crystals. Russia: Ferroelectrics,1997,204(1): 1-356.

［81］Kornev I, Bichurin M, Rivera J P, et al. Magnetoelectric properties of $LiCoPO_4$ and $LiNiPO_4$. Phys. Rev. B,2000,62(18): 12247-12253.

［82］Schmid H. Magnetoelectric effects in insulating magnetic materials. In: Complex mediums, Akhlesh Lakhtakia, Weiglhofer W S, Messier R F, Editors. Proc. SPIE,2000,12: 4097.

［83］Van Suchtelen J. Product properties: a new application of composite materials. Philips Res. Rep. ,1972,27(1): 28-37.

［84］Van den Boomgaard J, Terrel D R, Born R A J, et al. An in situ grown eutectic magnetoelectric composite material. J. Mater. Sci. ,1974,9(10): 1705-1709.

［85］Van den Boomgaard J, Van Run A M J G, Van Suchetelene J. Magnetoelectricity in piezoelectric-magnetostrictive composites. Ferroelectrics,1976,10(1): 295-298.

［86］Van den Boomgaard J, Born R A J. A sintered magnetoelectric composite material $BaTiO_3$-$Ni(Co,Mn)Fe_3O_4$. J. Mater. Sci. ,1978,13(7): 1538-1548.

［87］Nan C W. Magnetoelectric effect in composites of piezoelectric and piezomagnetic phases. Phys. Rev. B,1994,50(9): 6082-6088.

［88］ Moritomo Y, Asamitsu A, Tokura Y. Pressure effect on the double-exchange ferromagnet $La_{1-x}Sr_x MnO_3$ (0. 15$\leqslant$$x$$\leqslant$0. 5). Phys. Rev. B, 1995, 51(22): 16491-16494.

［89］ Nan C W, Li M. Calculations of giant magnetoelectric effects in ferroic composites of rare-earth-iron alloys and ferroelectric polymers. Phys. Rev. B, 2001, 63(14): 144415.

［90］ Wan J G, Liu J M, Chan H L W, et al. Giant magnetoelectric effect of a hybrid of magnetostrictive and piezoelectric composites. J. Appl. Phys. , 2003, 93(12): 9916-9919.

［91］ Mori K, Wutting M. Magnetoelectric coupling in terfenol-D/polyvinylidenedifluoride composites. Appl. Phys. Lett. , 2002, 81(1): 100-101.

［92］ Nan C W, Li M, Feng X Q. Possible giant magnetoelectric effect of ferromagnetic rare-earth-iron-alloys-filled ferroelectric polymers. Appl. Phys. Lett. , 2001, 78(17): 2527-2529.

［93］ Ryu J, Carazo A V. Magnetoelectric properties in piezoelectric and magnetostrictive laminate composites. Jpn. J. Appl. Phys. , 2001, 40(8): 4948-4951.

［94］ Ryu J, Priya S, et al. Effect of the magnetostrictive layer on magnetoelectric properties in lead zirconate titanate/terfenol-D laminate composites. J. Am. Ceram. Soc. , 2001, 84(12): 2905-2908.

［95］ Nan C W, Liu G, Lin Y. Influence of interfacial bonding on giant magnetoelectric response of multiferroic laminated composites of $Tb_{1-x}Dy_xFe_2$ and $PbZr_xTi_{1-x}O_3$. Appl. Phys. Lett. , 2003, 83(21): 4366-4368.

［96］ Zhai J, Cai N, Shi Z, et al. Coupled magnetodielectric properties of laminated $PbZr_{0.53}Ti_{0.47}O_3$/$NiFe_2O_4$ ceramics. J. Appl. Phys. , 2004, 95(10): 5685-5690.

［97］ Dong S X, Li J F, Viehland D. Ultrahigh magnetic field sensitivity in laminates of terfenol-D $Pb(Mg_{1/3}Nb_{2/3})O_3 PbTiO_3$ crystals. Appl. Phys. Letts. , 2003, 83(11): 2265-2267.

［98］ Dong S X, Li J F, Viehland D. Enhance magnetoelectric effects in laminate composites of terfenol-D/Pb(Zr, Ti)O_3 under resonant drive. Appl. Phys. Letts. , 2003, 83(23): 4812-4814.

［99］ Shin K H, Inoue M, Arai K I. Elastically coupled magneto-electric elements with highly magnetostrictive amorphous films and PZT substrates. Mater. Sturet. , 2000, 9(3): 357-361.

第2章　团簇淀积原理及实验装置

本章介绍了团簇束流源的一些基本概念和团簇产生的机理,并对多种团簇聚集源的原理及仪器结构进行了简介,并结合磁控溅射-气体聚集源讨论了团簇生长过程,在此基础上详细介绍了本工作中样品制备的重要装置——超高真空团簇束流淀积系统。总结了该系统的调试情况并以 Co 团簇淀积为例具体研究了实验条件对团簇束流淀积速率的影响规律。此外,本章还对退火原理及其形核模型进行了介绍,并举以例证,分析说明了退火温度、退火气氛、退火时间对退火效果的影响。

2.1　引　　言

虽然团簇广泛存在于自然界各种过程中,如宇宙尘埃的形成和演化、大气烟雾的成核和凝聚、燃烧中元素的合成和分解等,但是,能够用人工方法制备和检测团簇才是组装新型纳米材料的基础。人工制备团簇的基本方法可以分为两类:物理制备法和化学合成法[1]。1956 年,Becker 等首先报道了蒸气在通过一个非常小的喷嘴进入真空时可以通过凝聚成核形成团簇[2]。后来,科研工作者们陆续研制了多种团簇源用于制备各种类型的团簇,如超声喷注源、气体聚集源、激光蒸发源、脉冲弧光离子源、液态金属离子源、激光热解源、热蒸发源等[3-8]。虽然这些团簇源得到了广泛的应用,但是仍存在一些不足。

(1) 大多数团簇源产生的团簇产量很低,而且一些团簇源也不能产生连续的团簇束流,如激光蒸发源、脉冲弧光团簇离子源等。

(2) 这些团簇源在制备不同种类的团簇时受到很大的限制,即一种团簇源只能制备一些特殊性能的团簇,例如激光热解只能制备超细微粉,热蒸发源只能制备低熔点物质。

(3) 控制和调节团簇的尺寸能力较弱,许多团簇源仅能产生比较小的团簇,如激光蒸发源、脉冲弧光团簇离子源等。

(4) 离化团簇在束流中所占的比例偏低,对于中高能量的团簇淀积和分析离化团簇存在较大的困难。

本书工作中所用的磁控溅射-气体聚集源(sputtering-gas-aggregation,SGA)可以在一定程度上克服上述缺点,这种团簇源可以产生尺寸大小可控的团簇,它可以很方便地通过改变实验条件来实现,同时根据靶材的不同,可以制备不同种类的团簇。

本章将结合 SGA 讨论团簇生长过程和生长机理,在此基础上详细介绍了本工作中样品制备的重要装置——超高真空团簇束流淀积系统(ultra-high vacuum cluster beam system,UHV-CBS)。

2.2　团簇束流源与团簇形成的原理

团簇是自然界中的客观存在,团簇束流源是人工制备团簇的重要装置,利用团簇束流源产生的团簇束流是制备团簇组装薄膜的基础。团簇物理学是伴随着新的实验技术的进步而不断发展的,多种团簇制备和检测技术的重要进步使得对于团簇的更加深入的研究成为了可能。根据不同的研究目的,所选择的团簇源也有所不同。本节重点介绍几种团簇源的原理以及仪器结构,并对其应用特征作出说明。

2.2.1　"种"超声喷注源

"种"超声喷注源(seeded supersonic nozzle sources)主要是用来产生低沸点金属的连续强团簇束流,速率分布较为狭窄,其团簇丰度达几百个或者几千个原子。尽管目前产生的团簇温度尚不确定,但是颗粒较大的团簇往往产生于临界蒸发温度附近。

在"种"超声喷注源中,金属被热炉蒸发气化,同时利用惰性气体给热炉加压,使得金属蒸气混入惰性载气中,就好像是种子进入土地中,因此得名为"种"超声喷注源[9]。腔体中的惰性气体气压是几个标准大气压,金属蒸气的气压在 $10\sim100$ mbar 的范围内。通过一个小孔,利用压强差使金属蒸气-惰性气体混合物向真空室中膨胀,产生一个超声分子束。进入真空中的膨胀是在绝热条件下进行的,此绝热膨胀过程使得其体内能转化为横向能量,因而混合物冷却下来。冷却的金属蒸气成为过饱和状态,冷凝形成团簇。通常从喷嘴出口处几个喷嘴直径的范围内,冷凝过程会一直持续,直到蒸气密度太低而不能进一步形成团簇为止。而当惰性气体密度变得太低而不能形成束流时,团簇的冷凝聚集过程也将结束。

气体膨胀造成的冷凝过程使团簇稳定而不至于消失,但是也有可能发生团簇通过蒸发一个或多个原子而进一步地降低自身温度的过程。碱二聚体或三聚体的光谱测试已经表明其团簇能够达到非常低的温度,在高压条件下,发现二聚体的转动温度能够达到 7 K。尽管大金属团簇的光谱温度测定还没有真正实现,但是有实验证据表明较大团簇的最终降温过程是以一个或多个原子蒸发的形式进行的,所以这些团簇的温度接近于临界蒸发温度。不论哪种情况,团簇丰度是被如上所述的热力学过程控制的,因而其与结合能密切相关。

实验中发现更大量的阻碍气体原子有利于团簇的产生,因为能产生更大规模的碰撞接触,因此对于较轻的气体,团簇束流转变为了分子流的形式。尽管惰性气体在"种"超声喷注源中非常重要,但是当没有阻碍气体的时候,金属蒸气的均一扩散也产生了团簇。这种方式产生的团簇颗粒较小,通常低于 10 个原子,而在稳定条件下能够产生更大的团簇。

"种"超声喷注源也许是能获得的最强的团簇束流源。它的材料消耗大约是 0.1 mol/h,在适当条件下可能会超过此值的 10%,材料消耗中的大部分都能凝聚成团簇,其尺寸分布范围从几个原子到 100 个原子之间,但是有实验表明在最佳条件下,可以产生每个团簇含几千个原子的碱金属团簇束流。

"种"超声喷注源的结构如图 2.1 所示,它适用于沸点达到 1300 K 的金属。此装置主要由腔室和一端带有直径 100 μm 针孔喷嘴的细管组成,这两个部分被带有钨丝的陶瓷加热层加热,隔热层和水冷却系统保护真空室以免过热。不久前,使用高温合金和间接加热方式,使"种"超声喷注源的温度超过了 1500 K,并且被用来研究 Li 团簇的相关性质。

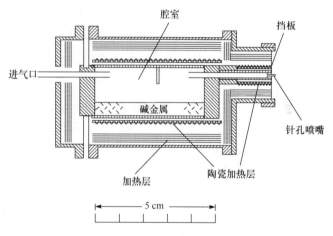

图 2.1　"种"超声喷注源结构示意图

2.2.2　激光蒸发源

激光蒸发源(laser vaporization source)制备的团簇通常包括几个原子到几百个原子,此团簇源采用激光脉冲激发,和"种"超声喷注源相比,其按时间平均的能量是较低的,但是单脉冲能量则更高。激光蒸发源适用于所有的金属,能够产生中性团簇以及带负电或者正电的离化团簇,依赖于超声膨胀条件,得到的团簇温度要接近或者低于团簇源的温度。

激光蒸发源被激光脉冲所调制,能得到任何金属的小团簇。如图 2.2 所示,激光器 Nd：YAG 所产生的脉冲激光集中于棒状金属材料上使其蒸发，金属棒不断螺旋转动，以便被激光均匀照射，维持足够的蒸发量。金属棒被蒸发后产生的金属蒸气被混合在由脉冲阀产生的脉冲液氦束中，从而使得金属蒸气冷凝形成团簇，随后惰性气体-团簇混合物由喷嘴射出。

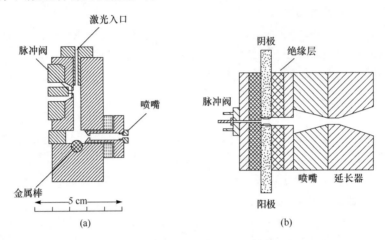

图 2.2　蒸发源
(a)激光蒸发源；(b)脉冲弧光离子源

　　可以说激光蒸发源综合了气体聚集源和高温超声喷注源两种团簇源的特点，它的团簇的形成和最初的冷凝过程类似在气体聚集源中，而绝热超声扩散类似在超声喷注源中。因为激光蒸发源的冷凝过程依赖于喷嘴的孔径和惰性气体的气压的共同作用，所以其绝热冷凝过程通常要强于"种"超声喷注源。并且由于采用了更大孔径的喷嘴，所以获得了更高的瞬时气压。

　　相关的科研人员进行了关于铁团簇的实验，他们使用的惰性气体是混合了少量氩气的氦气，此实验证明产生于激光蒸发源的金属团簇的温度较低。在此实验中，发现有一小部分中性铁团簇吸附于氩气原子上，使团簇温度低于 100 K。通过降低喷嘴或者整个蒸发源的温度，团簇的温度能够进一步降低。

　　激光蒸发源产生的团簇的尺寸分布依赖于团簇源的实验条件，一般情况下，一个团簇包括几个原子到几百个原子，而在一定的条件下，团簇中的原子数目可能达到几千个。此团簇源的材料消耗是很少的，平均每个脉冲能够激发 10^{15} 个原子，每小时消耗材料为 10^{-3} mol，消耗速度也与所使用的材料种类有很密切的关系。其中脉冲频率为 10 Hz，并且能够获得较高的瞬时脉冲强度。

　　由于结构设计的合理性，利用激光蒸发源得到了一些很好的结果。如图 2.2 所示，其中使用一个小的腔室来优化团簇的生长和金属蒸气-惰性气体混合物的冷却过程，并且此团簇源的绝热喷嘴能被冷却到液氮温度。有实验利用液氮冷却源制备出了温度极低的钠团簇($N<200$),表明激光蒸发源在碱金属团簇的制备方面有其独特的优势。

图 2.2(b)所示为脉冲弧光离子源,原理与激光蒸发源类似,不过它的棒状金属材料不是被激光蒸发,而是在强烈的放电作用下被蒸发。和激光蒸发源比起来,它的优点在于:①产生的团簇束流更强,例如铅团簇的淀积速率可以达到 2Å/脉冲,其中射出材料的 10% 是带电的;②因为它不需要激光设备,所以价格较低;③在稳定条件下,可以获得较低温度的团簇束流。

2.2.3 液态金属离子源

液态金属离子源(liquid-metal ion source)主要用于制备低熔点金属的多电子团簇,其结构如图 2.3 所示。其中钨丝的一端是半径几微米的针尖,插入液态金属管中,以金属熔点以上的温度对其进行加热,并且在针尖和接地的孔之间加上数千伏电压。在针尖处的强电场引起了尖端处非常小的液滴的喷射,其中温度较高的复合离化液滴经历蒸发降温,然后裂变为更小的尺寸,经过能量过滤和质量分析,质量选择团簇离子流中的团簇数目近似等于 $10^4/s$。

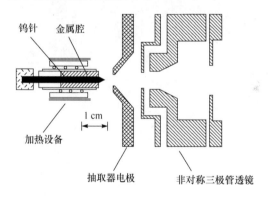

图 2.3 液态金属离子源结构示意图

液态金属离子源经常被用来制备较小的多电子团簇,团簇质谱表明利用此团簇源得到的铷团簇、铯团簇和钠团簇具有壳层结构。

2.2.4 气体聚集法团簇束流源

图 2.4 是磁控溅射-气体聚集团簇源的原理图,首先采用磁控溅射来轰击靶材,产生原子气,然后通过气相聚集成团簇颗粒。如图 2.4 所示,直流电源的电压直接加在靶材和屏蔽靶盖之间,溅射气体 Ar 气通过靶源外环套的一圈径向小孔进入这个工作区域,加电压后产生辉光放电,并在这个电压下 Ar 气发生电离,电离生成的 Ar^+ 充当溅射气体以较高的能量轰击靶材表面而产生原子和离子气,通

过惰性气体的扩散运动带动着产生的原子、离子气向前运动,在扩散中原子气体通过与材料原子和惰性气体的多次碰撞损失能量逐渐凝聚长大,产生的热量由缓冲气体带走,同时形成的初始团簇被缓冲气体携带在冷凝区内飞行,并不断地通过碰撞吸收原子、离子以及团簇而生长长大。最后,团簇通过喷嘴(skimmer)而形成准直的团簇束流。由于喷嘴有一定的锥度,因而团簇在通过喷嘴时将发生等熵膨胀,从而使团簇进一步得到冷却。与此同时,喷嘴也起到了提高团簇束流的单色度的作用。

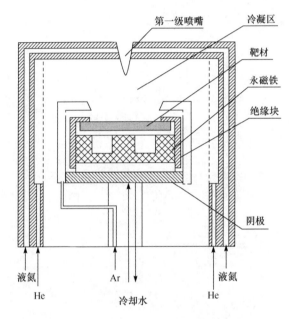

图 2.4　磁控溅射-气体聚集团簇源原理图

图 2.5 给出了团簇在冷凝腔中的生长长大过程的示意图。

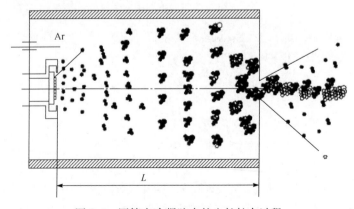

图 2.5　团簇在冷凝腔中的生长长大过程

从团簇在冷凝腔中长大的过程可以看到,团簇的生长过程实际就是原子气碰撞聚集成核并进一步长大的过程,实际上,对于气体聚集法团簇生长过程可以用匀相成核(homogeneous nucleation)模型来描述。因此,下面将讨论这种以惰性气体作为溅射和缓冲气体,原子气匀相成核的过程。

2.2.5　理想气体均一成核模型[10]

经典的成核理论可以通过 Gibbs 自由能理论加以解释。假设载体气流是稳定的、各向同性的,制样材料的蒸气原子数和团簇数远小于载体气体的原子数,则 Gibbs 自由能可表示为

$$G=U+pV-TS \tag{2.1}$$

式中,U 是内能;p、V 和 T 分别是气体分子的压强、体积和温度;S 是熵。对理想气体,G 可以表示为

$$G(p,T)=RT\ln\left[\frac{p\lambda_{th}^3}{k_B T}\right] \tag{2.2}$$

式中,R 是气体常量;k_B 是玻尔兹曼常量;λ_{th} 是德布罗意波长。当在一定的温度下,溅射的原子气达到过饱和态,原子气的气压 p 大于饱和蒸气压 p' 时,Gibbs 自由能的改变是 $\Delta G=RT\ln(p'/p)$。对于热力学系统而言,总是趋向于具有最低自由能的状态,所以它将形成半径为 r 的球形母体,这可表示为

$$\Delta G=4\pi r^2\sigma-\frac{4}{3}\pi r^3\rho RT\ln s \tag{2.3}$$

这里 σ 是被溅射物质的表面能;ρ 是其液态的密度;$s=p/p'$ 是气体的过饱和度。由上述方程可以推导出自由能变化的最大值以及胚团的临界半径:

$$\Delta G_{max}=\frac{16\pi\sigma^3}{3(\rho RT\ln s)^2}=\frac{4}{3}\pi r^{*}\sigma \tag{2.4}$$

$$r^{*}=2\sigma/\rho RT(\ln s) \tag{2.5}$$

上述方程揭示了一个非常重要的关系,即越大的过饱和度 s 将产生越小的临界半径。同时,胚团还遵从玻尔兹曼型分布函数,即

$$N_i=N_g\exp(-\Delta G/k_B T) \tag{2.6}$$

式中,N_g 是单位蒸气体积具有尺寸为 g 的母体的数量。而对于团簇的成核速率 J 可表示为

$$J=ZWN_i \tag{2.7}$$

W 是每个核的碰撞几率;Z 是 Zeldovich 参数。

在溅射初始时,靶材表面仅有单个原子出现,随着二聚体的出现开始团聚过程。由于碰撞过程中遵守能量守恒定律和动量守恒定律,因此,二聚体的出现不可能仅仅通过两体碰撞来实现。由于缓冲气体的存在,原子二聚体(M_2)可以通过三

体的碰撞来实现。这种团聚过程可以写为如下的形式：

$$M+M+Ar \longrightarrow M_2+Ar \tag{2.8}$$

$$M_2+M+Ar \longrightarrow M_3+Ar \tag{2.9}$$

$$\cdots$$

$$M_n+M(M_{n'})+Ar \longrightarrow M_N+Ar \tag{2.10}$$

二聚体（M_2）的温度随着与惰性气体的碰撞而下降，同时由于单体的存在二聚体可以进一步长大。当上述过程有效地降低了单体的密度时，团簇可以通过团簇-团簇凝聚而生长。

上述过程通常在冷凝腔中进行，因此，团簇在冷凝区的滞留时间（residence time）对于所获得团簇的尺寸及其分布起着关键的作用。通过选择合适的喷嘴孔径、冷凝区长度、缓冲气压等工作参数，可控制团簇在冷凝区中滞留时间的长短，从而对团簇的尺寸大小有所选择。

实际的团簇束流源一般包括高密度原子气的产生、喷嘴、由喷嘴和分离器所分割的差分真空系统。束流源工作中如果采用缓冲气体，则通常采用液氮来冷却气体。

2.3　超高真空团簇束流淀积系统（UHV-CBS）

在本书的主要工作中，低能团簇束流淀积所使用的系统是由作者所在的实验室自行设计和研制的超高真空多功能团簇束流系统（UHV-CBS）。整个系统由四部分组成：团簇束流产生系统、样品制备系统、样品预处理系统和飞行时间质谱检测系统，图 2.6 给出了 UHV-CBS 系统的俯视组装图。团簇束流产生系统的主要功能是产生尺寸及其分布可控的，具有很高单色度的团簇束流并进行质量选择；样品制备系统的主要功能是团簇淀积和团簇嵌埋，以此制备一系列团簇组装的纳米材料；样品预处理系统的主要功能是样品清洗和样品后处理；飞行时间质谱检测系统的主要功能是对团簇的质谱进行原位在线检测。

该套系统具有以下优点：①利用磁控溅射-气体聚集源作为团簇产生源，它不仅可以获得高强度的团簇束流，而且不受制样材料的限制，实验材料可以包括各种金属（难熔金属及合金）、非金属（如金属氧化物、聚合物、陶瓷等）和半导体材料。②真空度采用三级差分抽气，最高可达 10^{-8} Torr。③可进行自由团簇、支撑团簇、嵌埋团簇以及团簇组装纳米结构和纳米材料的多样化研究。④样品的预处理系统可大大提高样品的清洁和后处理效果。⑤可根据不同实验要求，对团簇进行修饰、操作和组装，并控制团簇膜的生长。以下简单介绍一下各部分的构成和功能。由于本书的工作大部分集中在团簇束流产生系统和样品制备系统，因此对这两部分将做重点介绍。

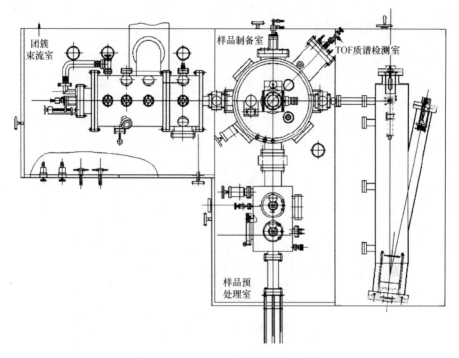

图 2.6 UHV-CBS 系统的俯视组装图

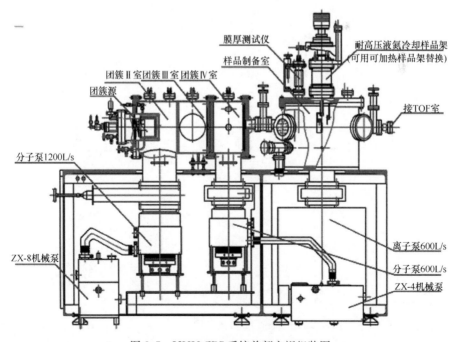

图 2.7 UHV-CBS 系统前部主视组装图

2.3.1　团簇束流产生系统

团簇束流室主体由四部分构成:团簇源室、团簇 2 室、团簇 3 室和团簇 4 室,如图 2.8 所示。在团簇源室中,惰性气体由一布满小孔的圆环柱套进入冷凝腔(也可由 Ar 气口充入),冷凝腔壁通入液氮进行冷却,这样惰性气体通过与腔壁的反复碰撞可以迅速冷却下来而提高冷凝效率。从磁控溅射靶源溅射出的原子气或离子气进入充满惰性气体的冷凝腔中,并与惰性气体分子相互碰撞、冷凝而形成初始团簇。初始团簇在惰性气体的带动下飞向第一级圆锥形喷嘴,其间不断吸附溅射原子或离子而逐渐长大。最后,团簇飞离冷凝区并通过第一级喷嘴(直径为 1~2 mm 可调)发生等熵膨胀而进入团簇 2 室,第一级喷嘴的尺寸选择直接影响到团簇束流,喷嘴的直径越大,形成的团簇尺寸越小,而且会增大团簇束流的强度,与此同时也能减少喷口被阻塞的可能。但是喷嘴的尺寸过大时,会增加差分抽气的负担,因此在选择时,要根据实际情况,权衡各个方面,做出最优化的选择。从第一级喷嘴喷出的团簇,被缓冲气体携带,再经过第二级喷嘴(直径为 2 mm)和第三级喷嘴(直径为 3 mm)隔离的差分抽气区间,由于喷嘴有一定的锥度,因此团簇在穿过每一级喷嘴时都将发生等熵膨胀,从而形成准直的具有较高单色度的团簇束流。

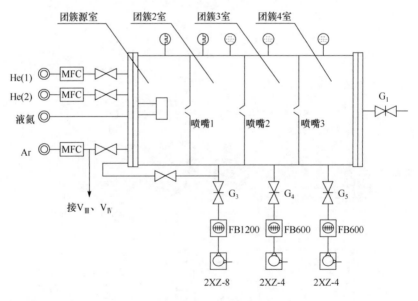

图 2.8　团簇室的差分抽气系统示意图

团簇束流室各团簇室的差分抽气系统构成如图 2.8 所示。团簇 2 室由 1200 L/s 的分子泵抽气,团簇 3 室和 4 室均由 600 L/s 的分子泵抽气。当团簇源室的惰性气体气压为 500 Pa 时,对应的团簇 2 室、3 室、4 室的真空度分别为 10^{-1} Pa、10^{-4} Pa、10^{-5} Pa 量级,这样建立的动态差分抽气系统完全满足了实验的需要,可以获得稳定的团簇束流。

2.3.2　样品制备系统

　　样品制备室的结构如图 2.9 所示。开启闸板阀 G_1 后,由团簇束流室产生的团簇束流进入样品制备室。在制备室的中央有一样品淀积台,该淀积台能够上下移动,也可作 0°~360°周向旋转,样品台自由的三维运动保证团簇束流能够以合适的角度淀积在衬底。样品淀积台备有两套,一套可通入液氮或水对衬底进行冷却,一套利用电路丝对衬底进行加热,两套可以互换,以提供衬底所需的淀积温度。在淀积台的正后方有一高压装置,可承受高压 20 kV,可对离化的团簇束流进行加速。在样品淀积台的正前方安装有一套石英晶体膜厚测试仪,可对团簇束流的淀积速率进行监测。在制备室的侧面与团簇束流同高度 90°的方向配有一套靶材直

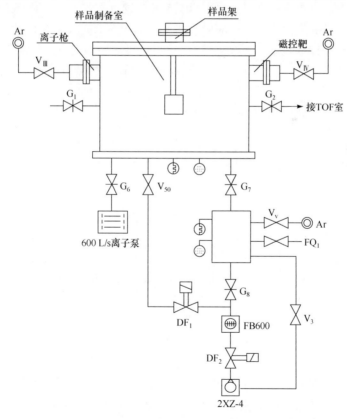

图 2.9　样品制备系统示意图

径为 Φ50 mm 的射频溅射靶,配合衬底的旋转,可以对团簇样品进行覆盖嵌埋和制备多层矩阵结构的团簇薄膜材料。在制备室的侧面与团簇束流呈 135° 的方向还配有 Kaufman 离子枪,提供 10 mA 左右的能量可达 1500 eV 的 Ar 离子束,可以在高真空下对衬底进行清洗,也可以进行低能的离子刻蚀。另外,在样品制备室的其他侧面还预留了 STM 及光学测量窗口,以备将来系统升级之需。

样品制备室的真空气路见图 2.9,腔体采用 600 L/s 的分子泵和 600 L/s 的离子泵同时抽气,其极限真空度可以达到 1×10^{-6} Pa,工作真空度则不低于 5×10^{-5} Pa。用于磁控溅射和离子束清洗的 Ar 气可由 0～20 sccm 的质量流量计的控制进入腔体,一般磁控溅射时 Ar 气压维持在 1～10 Pa,离子束溅射时 Ar 气压在 10^{-2} Pa量级。

2.3.3　样品预处理系统

样品预处理室通过一闸板阀 G_7 与样品制备室相连,如图 2.9 所示。在预处理室的左端安装有可上下移动的样品架库,可放置 4 片衬底。其末端是磁力样品传递机构,可采用磁力耦合方式,将衬底通过进样杆从样品架库中取出并送入样品制备室中。样品预处理室的右端安装有退火炉,可对样品进行真空高温退火处理,退火温度范围在室温～800 ℃。其下方安装有射频磁控溅射反溅台,可对样品进行射频反溅射清洗。样品预处理室的真空及气路系统如图 2.9 所示,腔体通过 600 L/s 的分子泵抽气,预处理室的极限真空度可达 8×10^{-5} Pa,工作真空可维持在 6.6×10^{-4} Pa。

2.3.4　反射式 TOF 质谱

最后一级是反射式的 TOF 质谱系统,通过闸板阀与样品制备室相连。本室通过 600 L/s 的分子泵和离子泵抽气,本底真空可以达到 1×10^{-5} Pa。束流到达质谱室以后,利用四倍频的 YAG 激光对其进行电离,被电离的团簇经过加速进入飞行管道,进行两段自由飞行,最终进入微通道板采集得到质谱。通过反射式的飞行时间测量,本系统的质量分辨率可以达到 $M/\Delta M>2000$,可以利用本系统对通过闸板阀到达的团簇束流进行质谱分析,以得到团簇束流的质量分布。

2.4　团簇束流的调试

团簇束流是制备团簇组装薄膜的基础,因此,对团簇束流的调试是团簇束流淀积的中心议题。团簇束流的调试工作主要是对团簇源的调节和对差分抽气系统的调节,由于差分抽气系统已经预先设计完成,所以主要的调节工作就集中在团簇源上。如前所述,利用 Ar 离子对团簇进行溅射,并且带动产生的初级团簇向前扩散,在扩散中经过冷凝腔,同液氮冷凝的惰性气体充分碰撞冷却而逐渐长大,最终通过小孔出射形成束流。团簇源上可以在线调节的有 Ar 气、He 气的通入流量,团簇源室的气压、温度,加在靶上的电压和电流,从开始扩散冷凝到出射的距离(称为冷凝距离)等一系列影响条件。

　　一般来说,要得到单色性高、强度大的团簇束流,就要使材料靶得到有效的溅射,在溅射后得到足够多的碰撞,之后要经过充分的冷凝,出射时要能保持足够的压差以形成超声束,以提高束流单色性。但是以上过程的实现并不能通过简单的改变某一个可调因素而得到加强,各个因素之间可能互相影响。比如说,增加 Ar 气压可以使溅射更有效,但是它也可能将形成的初级团簇更快地带离冷凝腔,从而降低冷凝效率,不利于团簇的凝聚长大,另一方面增加 Ar 气压也可能把溅射从反常辉光放电区带入弧光放电区,使得溅射停止。下面就一些主要的影响因素进行具体探讨。

2.4.1　靶材溅射的调节

　　对靶材形成有效的溅射是形成高密度原子气,进而形成团簇束流的保证。本工作采用的溅射靶主要是利用了磁控溅射原理。图 2.10 是磁控溅射靶源的剖面图,可以看到,直流电源的电压直接加在了靶材和屏蔽靶盖之间,由辉光放电的工作原理知道这一电压大部分加在了正离子上,所以外界电源的电压就可以代表溅射离子的最大能量,输入的电流大致可以代表轰击靶材表面的离子的数量。磁控溅射的溅射

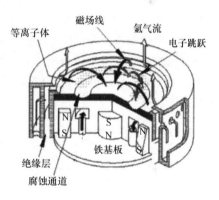

图 2.10　磁控溅射靶的剖面示意图

靶工作在反常辉光放电区,电流随着电压增长逐渐变大,而此时所能溅射的原子数量就主要由入射的离子数目来决定,在相同的电压下,入射离子引起相同的二次电子发射,所能提供的电流也就和空间电荷区内 Ar 原子的浓度相关,Ar 原子浓度越高,电流就变得越大,所以直流溅射的调节就很简单。在给了足够的输入电压发生辉光放电以后,通过进一步提高电压或者增加 Ar 气的流量来提高输入电流就可以获得更高、更有效的溅射。因此可以通过调节电源的溅射功率来调节溅射的效率,使之最大化。

2.4.2　冷凝区长度的调节

　　足够的碰撞和冷凝是团簇长大的关键。普通的真空溅射镀膜系统工作气压在零点几到几帕之间,这是为了在保证进行辉光放电的同时可以获得足够的分子自

由程以提高薄膜的品质。然而,在本系统中,更重要的是在产生了足够高密度的原子气以后要让这些原子得到充分的碰撞和冷凝。这样对系统的气压就有了更高的要求,一是气压不能太高,气压太高对于真空系统的负荷太重,而且有可能造成过量的反淀积,还会让系统向弧光放电区过渡;但是气压也不能太低,否则团簇粒子就不能得到足够的碰撞和冷凝而长大。可以用最简单的模型来解释这个问题,在一定气压的系统中,每个原子都有固定的平均自由程,以这个平均自由程为步长进行随机行走,来估算碰撞次数(也即行走的步数)和行走直线距离的关系。已知行走的距离 $R=\lambda \cdot N\nu (\nu=3/(d+2), d$ 是维度,N 是行走的次数)。可以作出估计,在 100 Pa 的气压下,每向前移动 1 cm,单个原子可能发生的碰撞次数在 10^2 的量级,而且随着移动距离的增加碰撞次数也增加,因此,在初始团簇生长过程中,碰撞次数和扩散区的长度有了直接联系。除此以外,碰撞生长产生了大量的热量,如果不及时将这些能量转移,凝聚的团簇会发生再次分离,所以团簇源室中冷凝效率对于团簇的生长也十分重要。实验系统采用液氮冷凝,并且从冷凝腔壁中吹出惰性气体有助于提高系统的冷凝效率。对于一些不容易结合长大的团簇,冷凝甚至对团簇的生长起到决定性作用,不进行有效的冷凝,团簇就不能生长,最后也无法检测到束流的存在。总结以上所说,冷凝区的长度、冷凝的效率和团簇源室的气压都对团簇的碰撞生长起着决定性的作用,可以通过对它们的调节来控制产生团簇束流的质量和尺寸分布。

2.4.3 小孔和差分抽气系统的调节

小孔在整个差分抽气系统中起着隔离真空和引出、定向束流的作用。一方面团簇源室的高压高密度气体在冲出小孔的时候,横向的运动受到了限制,由此导致气体分子无规运动的一部分能量转化为定向向前运动的动能,因此小孔在团簇形成的过程中可以起到降温和定向的作用;另一方面小孔的直径大小对于前后两极之间是否能够保证足够的压差,是否能形成超声束和形成超声束以后冷凝区的长度都有着明显的影响。另外,系统中喷嘴的形状和位置也对束流的成分有着影响。因此,只有以上各个影响因素都得到整体考虑和良好的优化,最终才能够获得稳定、高品质的团簇束流。然而,理想情况下期望获得单色、单组分的团簇束流,但是实际获得的团簇总是存在一定质量和尺寸分布,并且通常具有对数-正态分布(log-normal-distribution)的形式:

$$F(n)=\frac{1}{\sqrt{2\pi}\ln\sigma}\exp\left[-\left(\frac{\ln n-\ln\bar{n}}{\sqrt{2}\ln\sigma}\right)^2\right] \tag{2.11}$$

式中,n 为每个团簇中的原子数;σ 为尺寸分布的方差。

2.4.4　Co 团簇束流淀积的参数调试

结合以上讨论,现列举在 UHV-CBS 上对实验制备的 Co 团簇束流进行调试的例子。首先在固定的磁控溅射靶的条件下,保持溅射功率为 80 W。溅射气体的流量控制在 100 sccm,缓冲气体的流量控制在 40 sccm,通过改变冷凝距离来改变控制团簇束流的淀积速率。利用石英晶振膜厚监控仪对 Co 团簇的淀积速率进行原位监测和测量。所得到的 Co 团簇的淀积速率随冷凝距离的变化示意图如图 2.11 所示。

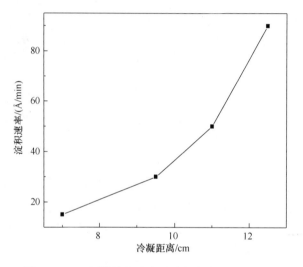

图 2.11　Co 团簇淀积速率随冷凝距离变化示意图

从图中可以看出,随着冷凝腔距离的增大,团簇束流的淀积速率也增大,这完全和前面的分析吻合,主要是由于冷凝距离增大使团簇在冷凝腔的滞留时间增长,团簇碰撞成核的机会就多,从而有利于形成团簇束流。

影响团簇束流的淀积速率的另外一个主要的因素就是溅射气体的流量,因此也调试了溅射 Ar 气流量对团簇束流淀积速率的影响。首先,保持溅射功率为 80 W,缓冲气体的流量控制在 40 sccm,改变溅射气体的流量,通过石英晶振膜厚监控仪得到了溅射 Ar 气流量对 Co 团簇的淀积速率的影响(见图 2.12)。

同样清楚地看到,随着溅射气体流量的增高,辉光放电产生的氩离子浓度也增高,进而辉光放电溅射的效率增高,可以提高团簇束流的淀积速率。

另外,调节其他的实验参数也会影响 Co 团簇的淀积速率,例如溅射功率、喷嘴的直径等,由于本书的工作没有具体涉及这方面的参数调解,这里不再赘述。

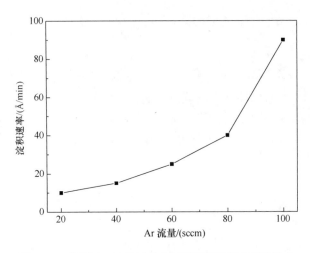

图 2.12　溅射 Ar 气流量对 Co 团簇的淀积速率的影响

2.5　退火原理

退火(annealing)是一种热处理工艺,指的是将材料缓慢加热到一定温度,保持足够时间,然后以适宜速度冷却的过程,其作用有细化晶粒组织、消除组织缺陷、释放残余应力、提高材料性能等。退火不但适用于金属材料,也适用于非金属材料,尤其是对于一些薄膜材料,利用退火过程可以调控其微观结构及样品形貌,进而改善其相关性质。因此,退火是一种适用范围广,并且对提高材料性质有着良好效果的后处理工艺。

当退火工艺应用于钢铁、合金等金属领域时,主要作用是降低金属材料的硬度,改善切削加工性;消除残余应力,稳定尺寸,减少变形与裂纹倾向;细化晶粒,调整组织,消除组织缺陷等。而退火工艺应用于半导体领域,可以使杂质半导体恢复晶体的结构和消除缺陷,同时还能激活施主和受主杂质,把有些处于间隙位置的杂质原子通过退火而让它们进入替代位置。随着研究者对于新型材料尤其是纳米材料的不断探索,将退火工艺应用于纳米材料的后处理阶段,成为了一种有效提高材料性能的技术手段。在本节中,将会重点介绍退火工艺对纳米薄膜材料的影响,进而对相关的实验过程起到一定的借鉴意义。

对于退火过程中的核形成和生长过程,已经建立了相关的理论模型。在退火过程中首先发生的是形核阶段,然后是核长大阶段,再之后是联并阶段。当温度较低时,有利于小的微晶的形成,这种微晶的形成降低了过度饱和,因此导致了联并阶段的发生。在退火处理期间,晶粒获得了足够的能量,从而进入联并阶段。相关的几种模型已经被建立来说明这种联并现象,包括奥氏熟化模型、"烧结"模型以及团簇迁移模型[11]，这些模型的模拟过程如图 2.13 所示。

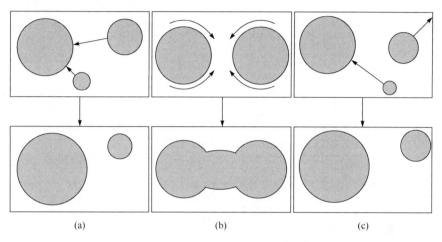

图 2.13　联并阶段的三种解释模型

(a) 奥氏熟化模型；(b) "烧结"模型；(c) 团簇迁移模型

在如图 2.13(a)所示的奥氏熟化模型中，较大的颗粒与较小的颗粒发生融合，使得较大颗粒继续长大。由于小颗粒的组成原子向大颗粒进行转移输运，导致小颗粒收缩或者消失。如图 2.13(b)所示的"烧结"模型，这是发生在相互接近的颗粒之间的联并过程，这种颗粒之间的联并能够降低系统总的表面能。如图 2.13(c)所示为团簇迁移模型，这是发生在相互远离的颗粒之间的随机运动造成的碰撞联并过程。一般情况下，团簇迁移模型仅适用于 5～10 nm 的小颗粒之间的联并过程，因此，联并阶段将主要发生奥氏熟化过程和烧结过程。

退火可以提高纳米薄膜的结晶度，如可以使无定形组织结晶化[12]。退火还可以造成成分的解吸，如 MOCVD 法制备的 InGaN 薄膜的生长温度为 710 ℃，在 800 ℃下退火，其中 InN 发生了解析现象，且退火改变了 InGaN 的团簇颗粒尺寸[13]。在退火的作用下，还能发生化学键的断裂，如无定形 SiO 薄膜中的双键(Si＝O)在退火过程被破坏，一方面可以形成单键(Si—O)，从而生成 SiO_2，另一方面也能释放氧原子(O)和氧气(O_2)，而生成 Si[14]。溶胶-凝胶法制备的 C_{60} 掺杂氧化硅(C_{60}-doped silicon oxide)薄膜在氩气下进行退火，退火温度分别为 300 ℃、400 ℃、500 ℃。退火之后由 C_{60} 分子组成的 C_{60} 团簇的尺寸发生了变化，由于 C_{60} 团簇是纳米尺度的颗粒，故具有量子尺寸效应，因而团簇的尺寸变化引起了量子尺寸效应的变化，进而导致退火前后的 C_{60} 掺杂氧化硅薄膜的电子能级的差异。图 2.14所示为退火前后的 C_{60} 掺杂氧化硅薄膜与气相沉积法制备的 C_{60} 薄膜的光致发光光谱，通过计算退火前后的 C_{60} 掺杂氧化硅薄膜与 C_{60} 气相沉积薄膜之间的能级差 ΔE，可以计算得到退火之前的 C_{60} 掺杂氧化硅薄膜中的 C_{60} 团簇的数量为

60 个,300 ℃退火之后为 240 个,400 ℃退火之后为 870 个。

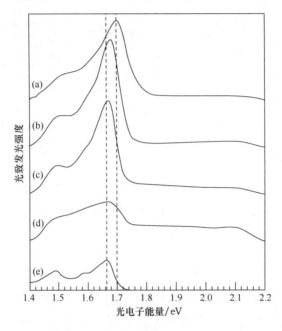

图 2.14　光致发光光谱

(a)退火之前的 C_{60} 掺杂氧化硅薄膜;(b)300 ℃退火;(c) 400 ℃退火;(d)500 ℃退火;(e)C_{60}气相沉积薄膜

退火之前,C_{60}掺杂氧化硅薄膜大概含有 60 个 C_{60} 团簇,并且均匀分布在薄膜中,退火之后数量明显增多,这是因为随着退火温度的提高,C_{60}分子之间发生了聚合现象,从而增大了团簇尺寸,表明在退火加热的作用下,分子的扩散是较为容易进行的,因此可以通过控制退火温度来控制团簇的尺寸[15]。

除此之外,退火还能造成晶粒粗化、分子聚合、尺寸变化等影响,因此,退火工艺的探索与实践,对于纳米材料的研究是具有重大意义的。下面,将就退火温度、时间、气氛等方面对退火工艺的影响展开叙述,并辅以相关的科研结果,来阐明退火工艺的实验条件对材料的具体作用。

2.5.1　退火温度的影响

退火会引起杂质原子的扩散迁移,并且随着温度的提高,迁移程度增大。图 2.15所示为电子回旋共振等离子体溅射法制备的 SiO_2 薄膜中的 Ar 2p 的 X 射线光电子能谱,这里的 Ar 原子来源于制备过程通入的 Ar/O_2 混合气体。可以看出制备态和退火温度为 450 ℃的薄膜含有 Ar 原子,而在 450 ℃以上不存在,说明 Ar 原子是以悬挂键形式与 SiO_2 薄膜结合,在大于 450 ℃的退火条件下扩散迁移至薄膜外,在薄膜内部形成空穴[16]。

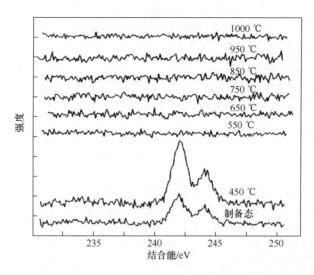

图 2.15　SiO₂ 薄膜中的 Ar 2p 不同退火温度处理下的 X 射线光电子能谱

退火会引起纳米薄膜表面形貌的改变,并且晶粒的形状是与退火温度密切相关的。有研究表明,对金属有机化学气相沉积法(MOCVD)制备的 ZnO 薄膜进行后退火处理,从扫描电子显微镜和原子力显微镜的结果可以看出退火后表面形貌出现了明显的改变。退火前的制备态薄膜,晶粒取向是任意的,表现为纳米片状颗粒。而在 800 ℃ 退火之后,纳米片状颗粒转变为三维纳米针状颗粒,发生了团簇粗化过程[17]。退火引起了表面形貌的改变,结果如图 2.16 的扫描电子显微镜图像所示,其中左边一列为垂直观察的表面形貌,右边一列为倾斜 45°角时观察到的形貌。

从图 2.16(a)中看出,制备态薄膜是纳米片状颗粒结构,平均厚度在 30 nm,同时也可以观察到一些球形纳米微晶粒,其尺寸在 10～50 nm。而在 600 ℃ 退火之后,大多数的纳米片层仍存在,然而球形微晶的数量增多,且退火后微晶的尺寸范围分布为 50～80 nm。当退火温度提高到 700 ℃ 时,表面形貌已经完全发生了改变,由纳米片层颗粒向三维纳米针状颗粒转变,并且在 800 ℃ 时得到了更好的三维形貌。纳米针状颗粒底端的平均尺寸范围在 150～200 nm,在图 2.16 所示右边一列倾斜 45°角的结果中可看到其顶端呈针状,并且能看到纳米针状颗粒是准六角形的,表明氧化锌晶体是一种纤锌矿结构。从图 2.16(d)中可以看出,纳米针的高度在 200～300 nm。当温度提高到 900 ℃ 时,纳米针状颗粒的形貌和 800 ℃ 时相比发生了微小的改变,纳米针状颗粒的高度降低了,顶端变成了圆顶状,并且如图中箭头所指,有一些纳米针状颗粒发生了融合。

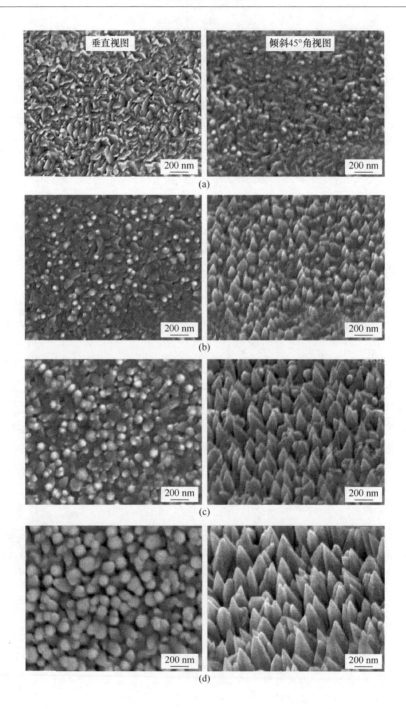

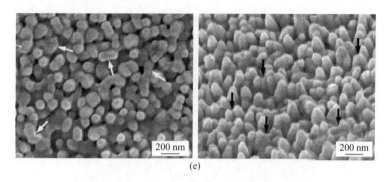

(e)

图 2.16　扫描电子显微镜图像

(a)制备态 ZnO 薄膜;(b)600 ℃退火处理;(c)700 ℃退火处理;(d)800 ℃退火处理;

(e)900 ℃退火处理。左边一列为垂直视图,右边一列为倾斜 45°角视图

　　金属有机化学气相沉积法(MOCVD)制备的 ZnO 薄膜的原子力显微镜图像如图 2.17 所示,图中还标注了相应的均方根粗糙度。可以看出退火温度在 600～800 ℃的范围内,纳米针状颗粒的尺寸和高度已经完全能够观察到,但是针状颗粒的顶端太细而不能被原子力显微镜探测到,因此所表现出的形貌不如扫描电子显微镜的结果准确。尽管如此,纳米针状颗粒的密度和高度仍然能被分辨出来。当退火温度提高到 900 ℃时,纳米针状颗粒的高度和密度都发生了减小。在 800 ℃退火的情况下,样品的均方根粗糙度为 50.534 nm,远大于制备态薄膜的 7.775 nm,而 900 ℃退火的薄膜,由于其针尖呈圆顶状,因此均方根粗糙度发生了下降,为 27.066 nm。

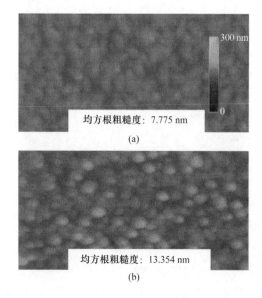

300 nm

0

均方根粗糙度: 7.775 nm

(a)

均方根粗糙度: 13.354 nm

(b)

均方根粗糙度: 30.574 nm

(c)

均方根粗糙度: 50.534 nm

(d)

均方根粗糙度: 27.066 nm

(e)

图 2.17　原子力显微镜图像

(a)制备态 ZnO 薄膜;(b)600 ℃退火处理;(c)700 ℃退火处理;(d)800 ℃退火处理;(e)900 ℃退火处理

金属有机化学气相沉积法（MOCVD）制备的 ZnO 薄膜 X 射线衍射谱如图 2.18所示,其中内嵌图表示(0002)峰的峰位和半高宽。从图上可以看出所有薄膜都表现出了明显的(0002)峰以及一个较弱的(1011)峰。随着退火温度从 600 ℃提高到 800 ℃,其结晶度也发生了提高,并且(0002)峰的半高宽从制备态薄膜的0.3086°降低到 800 ℃退火条件下的 0.255°,这个较小的半高宽明确反映出退火后薄膜结晶度的提高。

退火可以使薄膜中的无定形组织结晶化,且结晶化程度与退火温度有关。例如,淀积在 P 型 Si(100)衬底上的富 Si 态 SiO_2(Si-rich SiO_2)薄膜[12],在 600 ℃退火 30 分钟后,利用高分辨率透射电子显微镜表征手段,发现 Si 含量为 30％的SiO_2 薄膜并没有发生结晶化。当退火温度提高到 900 ℃时,Si 团簇颗粒的结晶化开始发生,如图 2.19 中箭头所示,可以判断对于 Si 含量为 30％的 SiO_2 薄膜而言,

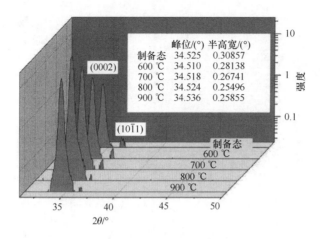

	峰位/(°)	半高宽/(°)
制备态	34.525	0.30857
600 ℃	34.510	0.28138
700 ℃	34.518	0.26741
800 ℃	34.524	0.25496
900 ℃	34.536	0.25855

图 2.18　制备态和退火处理后的 ZnO 薄膜的 X 射线衍射谱

结晶临界温度在 600～900 ℃,不过有可能更接近于 900 ℃,因为在 900 ℃ 退火之后,Si 纳米微晶的数量仍然很少。

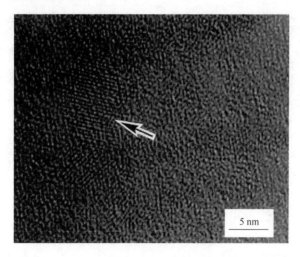

图 2.19　退火温度为 900 ℃时的富 Si 态 SiO_2 薄膜高分辨率透射电子显微镜图像

图 2.20(a)所示为退火温度为 1000 ℃,时间为 30 分钟时的富 Si 态 SiO_2 薄膜的高分辨率透射电子显微镜图像,可以看出 Si 纳米微晶的数量明显要大于 900 ℃ 退火时的情况。尽管如此,Si 纳米微晶的晶格条纹图像仍旧是不清晰的,说明虽然此时形成了更多的纳米微晶,但是结晶度仍然不够,这个结果也能从图 2.20(b)的电子衍射谱中仅有一个明亮的扩散圆存在反映出来。

当退火温度提高到 1100 ℃时,Si 纳米微晶的密度大大提高了,如图 2.21(a)所示,可以看出 Si 纳米微晶的形状接近于球形。图 2.21(b)中的电子衍射谱表现

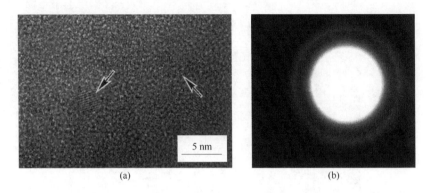

图 2.20　退火温度为 1000 ℃时的富 Si 态 SiO_2 薄膜高分辨率透射电子显微镜图像

出了明显的环状图像,而不再是一个亮斑,从而也表明了纳米微晶的结晶度是很好的。从以上实验结果中可以得出结论,伴随着退火温度的提高,越来越多的纳米尺度的 Si 团簇形成和结晶化,Si 纳米微晶的尺寸逐渐增大,并且结晶质量也逐渐提高。

图 2.21　退火温度为 1100 ℃时的富 Si 态 SiO_2 薄膜高分辨率透射电子显微镜图像

2.5.2　退火气氛的影响

退火过程可以在不同的气氛环境中进行,包括真空、空气、氢气、氮气、氧气等气体环境,随着退火气氛的不同,样品成分的氧化状态、缺陷产生、电荷缺陷等会有所不同,从而对材料的特性产生影响。

有相关研究表明在不同气氛下退火的 $SiO_2/Fe/SiO_2$ 纳米复合薄膜的磁性是明显不同的[18],如图 2.22(a)、(b)、(c)所示。利用射频磁控溅射法在 Si 衬底上逐次沉积制备得到 $SiO_2/Fe/SiO_2$ 纳米复合薄膜,然后对薄膜进行了真空、氮气、混合气体(95%N_2+5%H_2)三种不同气氛中的退火处理。使用振动样品磁强计来表征其铁磁性,发现退火气氛极大地影响了样品的结构、成分以及铁磁性。相较于在真空或者氮气中退火,在混合气体中退火的样品表现出了更优良的铁磁性,饱和磁化强度达到了 200 emu/g,接近于块体 Fe 材料的值,且顽场达到了 400 Oe,大于块体 Fe 材料的 10 Oe。使用 X 射线光电子能谱(XPS)深度剖析方法来研究退火气氛对于薄膜铁磁性的影响机制,发现在混合气体中退火的薄膜,Fe 纳米颗粒是被适度氧化的,在其周围形成了 Fe_2O_3 薄片层,这有利于提高铁磁性,增大矫顽场。

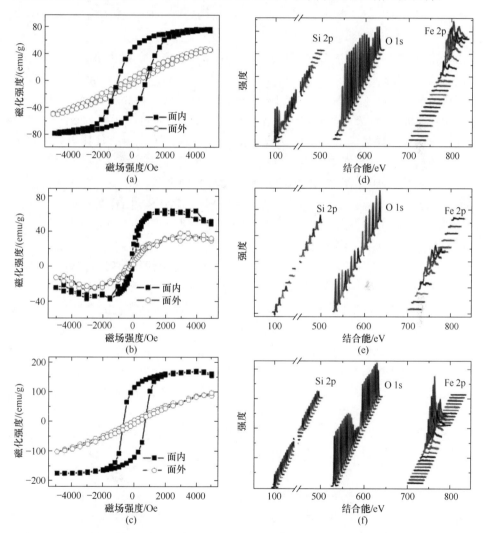

图 2.22　SiO_2/Fe/SiO_2 纳米复合薄膜的磁滞回线:(a)退火气氛为真空;(b)退火气氛为氮气;(c)退火气氛为混合气体(95％N_2＋5％H_2)。SiO_2/Fe/SiO_2 纳米复合薄膜的 X 射线光电子能谱:(d)退火气氛为真空;(e)退火气氛为氮气;(f)退火气氛为混合气体(95％N_2＋5％H_2)

退火气氛对于样品的磁性影响用振动样品磁强计表征,其中三种退火气氛条件得到的样品的面内(平行于薄膜平面)和面外(垂直于薄膜平面)的磁滞回线如图 2.22(a)、(b)、(c)所示。对于所有样品来说,面内的磁性信号要大于面外的信号,且仅仅只有在真空中和混合气体中退火的样品才能观察到明显的磁滞回线和矫顽场,并且在混合气体中退火的薄膜的磁化强度要大于在真空中退火的样品。

为了理解纳米复合薄膜在不同的退火气氛中表现不同磁性的原因,采用 X 射线光电子能谱(XPS)深度剖析方法对三类样品的化学成分进行表征,包括 Fe 2p,Si 2p 以及 O 1s,结果如图 2.22(d)、(e)、(f)所示,每幅图中最上面的曲线数据代表样品表面的 XPS 数据。

从图 2.22(d)、(e)、(f)可以看出,对于在真空中退火的样品,Fe 元素出现在最顶端的八条曲线中,表明所有的 Fe 元素都分布在样品的表面区域,而在氮气和混合气体中退火的样品的 Fe 元素分布在中间层中。说明通入退火气体可以抑制 Fe 向表面的偏析,尤其是在混合气体的退火气氛下更是如此。

从图 2.22(d)中可以看出,薄膜表面并没有 Si 元素存在,但是有 O 元素存在,因而薄膜表面的 Fe 元素是以单质和氧化态的形式存在的,同样可从图 2.22(e)、(f)中看出,中间层的 Fe 元素同样是以单质和氧化态的形式存在的。从更细节的方面观察,Fe 2p 共有两个峰,峰位是 706.5 eV 和 720 eV,分别代表 Fe $2p_{3/2}$ 和 Fe $2p_{1/2}$,而结合能较低的 Fe $2p_{3/2}$ 峰能被进一步拟合而分为两个高斯峰,峰位分别是 706.5 eV 和 710.5 eV,前者来自 Fe $2p_{3/2}$,后者来自铁的氧化物。710.5 eV 处的峰和 706.5 eV 处的峰的强度分别定义为 I_{ox} 和 I_{el},通过计算它们的强度之比 I_{ox}/I_{el} 可以得到铁单质和铁氧化物的相对含量。图 2.22(d)中所示在真空中退火的样品在表面处具有较高的铁单质含量,因而获得较大的饱和磁化;图 2.22(f)中所示在混合气体中退火的样品在中间层处具有较高的单质铁含量,因而也获得较大的饱和磁化;而图 2.22(e)所示在氮气条件下退火的样品,中间层的主要成分为弱铁磁性的铁氧化物,因而表现出了较小的磁化。

另有工作证明退火气氛的不同,导致利用聚合前驱体法制备的无铅压电 $Bi_4Ti_3O_{12}$ 薄膜表现出了不同的铁电性和压电性[19],如图 2.23(a)、(b)、(c)(d)所示。

$Bi_4Ti_3O_{12}$ 薄膜的铁电性如图 2.23(a)、(b)所示,在静态空气中退火的薄膜的电滞回线更符合铁电体的规律性,更容易完成整个极化过程,使极化强度达到饱和。在氧气中退火的薄膜具有更高的氧空位浓度,同时也提高了其铋空位或钛空位的缺陷浓度,使得在晶粒边界处和薄膜与电极之间的界面处,发生了缺陷之间的复合作用,诸如氧离子缺陷电荷和氧空位之间,或者氧空位和铋空位之间的复合,因而造成了局部非化学计量比偏差,影响了电滞回线的形状。在氧气中退火的薄

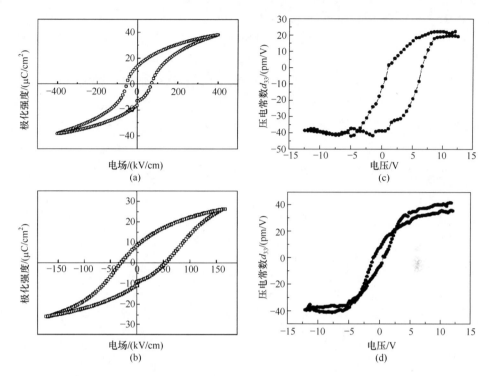

图 2.23 $Bi_4Ti_3O_{12}$ 薄膜的电滞回线：(a)退火气氛为静态空气；(b)退火气氛为氧气
$Bi_4Ti_3O_{12}$ 薄膜的压电回线：(c)退火气氛为静态空气；(d)退火气氛为氧气

膜的电滞回线,还表现出正负矫顽场不对称的情形,正矫顽场远大于负矫顽场的绝对值,导致了极化状态下的极化损失,这是由在氧气中退火后薄膜与电极界面处较高的铋空位和氧空位缺陷造成的。

图 2.23(c)、(d)分别是在静态空气和氧气中退火的 $Bi_4Ti_3O_{12}$ 薄膜的压电回线,而压电回线与薄膜的极化翻转和铁电性有关。在氧气中退火的薄膜得到了一个较窄的回线,未表现出压电特性,但是在静态空气中退火的薄膜表现出了明显的压电特性所具有的回线,说明其电畴更易翻转。考虑到制备的是多晶 $Bi_4Ti_3O_{12}$ 薄膜,有效压电系数依赖于晶粒取向和表面特征。在氧气中退火的薄膜,由于电荷向氧离子转移,造成了电荷缺陷的应变能和钉扎效应,从而使得薄膜表面表现出高传导特性,以及电畴很难被翻转,因此,在氧气中退火的薄膜的压电响应受到了影响。

2.5.3 退火时间的影响

随着退火时间的延长,薄膜材料的残余应力可以得到进一步的释放,并可引起原子、分子的解吸。如利用射频磁控共溅射法在玻璃衬底上沉积制备的 Al 掺杂

ZnO 薄膜[20]，之后进行氢气环境中的退火处理，退火时间分别是 0 min、30 min、60 min、120 min，图 2.24(a)所示为薄膜的 X 射线衍射谱。所有的薄膜仅有 ZnO 的(002)峰，表明具有沿 c 轴的择优取向，随着退火时间的增加，(002)峰的峰位由 34.32°向更大的衍射角平移至 34.36°，反映出在制备薄膜过程中形成的残余应力得到了释放[21]。利用原子力显微镜来表征 Al 掺杂 ZnO 薄膜的表面形貌，对于退火时间分别为 0 min、30 min、60 min、120 min 的薄膜，均方根粗糙度分别是 1.94 nm、2.34 nm、2.75 nm、2.73 nm。

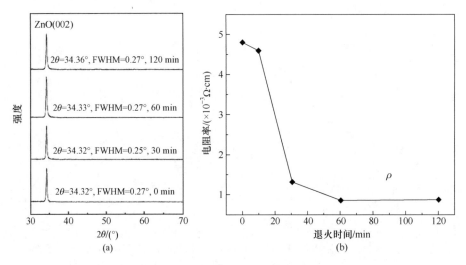

图 2.24　(a)Al 掺杂 ZnO 薄膜随退火时间变化的 X 射线衍射谱；
(b)Al 掺杂 ZnO 薄膜随退火时间变化的电阻率

如图 2.24(b)所示，当退火时间为 60 min 时，薄膜的电阻率由 4.80×10^{-3} Ω·cm 降低到 8.30×10^{-4} Ω·cm，这是由于随着退火时间的延长，在氢气中退火的薄膜出现了带负电氧的不断解吸，载流子浓度提高。

退火时间的不同，还可导致薄膜材料结晶度的不同、成分的蒸发以及键的断裂等。如利用喷雾热分解法制备得到无定形 WO_3 薄膜，随后在空气气氛下以 500 ℃ 退火，退火时间分别为 1 min 和 60 min，不同退火时间的薄膜的 X 射线光电子能谱和 X 射线衍射谱的结果不同，如图 2.25 所示。

如图 2.25(a)所示，对三种不同退火时间的 WO_3 薄膜进行了 X 射线光电子能谱表征，发现对于未退火，退火 1 min，退火 60 min 的不同薄膜，O∶W 的原子含量之比分别为 2.70、2.36、2.33。水分子可以很容易地通过取代氧原子或者插入分层结构的方式进入 WO_3 薄膜[23-24]，水分子的羟基能与 W 原子成键，在退火过程中，这个键会断裂，水分子从薄膜中蒸发出去，且随着退火时间的延长，蒸发量增

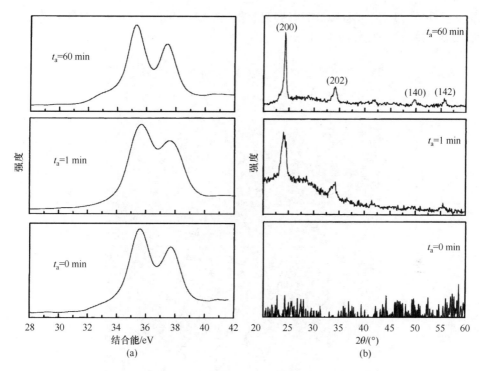

图 2.25 (a)不同退火时间的 WO₃ 薄膜的 X 射线光电子能谱；
(b)不同退火时间的 WO₃ 薄膜的 X 射线衍射谱

加,因此,O∶W 的原子含量之比逐渐减小。图 2.25(b)所示为 WO₃ 薄膜 X 射线衍射谱,用来表征薄膜的晶体结构与退火时间的关系。可以看出制备态的薄膜是无定形组织,当退火时间为 1 min 时,结晶过程刚刚开始,随着退火时间增加到 60 min,结晶度进一步提高。

2.5.4 快速热处理

目前无论是采用物理方法,包括磁控溅射、离子束沉积、电子束气相沉积、脉冲激光沉积等,或者化学方法,包括 MOCVD、溶胶-凝胶法等制备的薄膜,都需要经过高温热处理,使非晶转化为晶体。采用常规退火炉,一般的退火时间为 0.5～2.0 h,由于长时间的退火热处理,使得所制备的薄膜材料的性能会大大降低,因此,降低退火温度和减少热处理的时间非常必要。

快速热退火(RTA)技术已经广泛地应用在半导体和电介质电子器件制备工艺中,它具有减少预热时间、减少退火时间和降低温度、减小样品薄膜与衬底之间的干涉作用、防止薄膜样品中部分元素的挥发、克服在升温过程中生成杂相等优点。本书研究工作中所涉及的快速热处理工艺,采用的是 RTP-500 快速热处理系统,系统结构组成如图 2.26 所示。

图 2.26　RTP-500 快速热处理系统实物图

RTP-500 快速热处理系统采用卤光灯加热系统,升温速率能够控制在 2～200 ℃/s 可调范围内,因此能够在几秒的时间内,迅速地达到热处理的所需温度,以实现高温快速热处理的目的。采用这样的快速热退火处理系统,能够成功控制各种多铁薄膜的结晶和成相,为多铁薄膜材料的后处理过程提供必要的保证。

本章参考文献

[1] Haberland H,Mall M,Moseler M,et al. Filling of micron-sized contact holes with copper by energetic cluster impact. J. Vac. Sci. Technol. A,1994,12(5): 2925-2930.

[2] Becker E W,Bier K,Henkens W. Strahlen aus kondensierten atomen und molekeln im hochvakuum. Zeitschrift für Physik,1956,146(3): 333-338.

[3] de Heer W A. The physics of simple metal clusters: experimental aspects and simple models. Rev. Mod. Phys. ,1993,65(3): 611-676.

[4] Hagena O F. Cluster ion sources. Rev. Sci. Instrum. ,1992,63(4): 2374-2379.

[5] Melinon P,Paillard V,Dupuis V,et al. From free clusters to cluster-assembled materials. Int. J. Mod. Phys. B,1995,09(04n05): 339-397.

[6] Perez A,Melinon P,Dupuis V,et al. Cluster assembled materials: a novel class of nanostructured solids with original structures and properties. J. Phys. D: Appl. Phys. ,1997,30(5): 709-721.

[7] Cannon W R,Danforth S C,Flint J H,et al. Sinterable ceramic powders from laser-driven reactions: I,process description and modeling. J. Am. Ceram. Soc. ,1982,65(7): 324-330.

[8] 陈平平. IV、VI族低能团簇束流淀积(LECBD)薄膜的特性. 南京大学博士学位论文,1999.

[9] Larsen R A,Neoh S K,Herschbach D R. Seeded supersonic alkali atom beams. Rev. Sci. Instrum. ,1974,45(12): 1511-1516.

[10] 韩民. 团簇束流和团簇淀积. 南京大学博士学位论文,1997.

[11] Ohring M. Materials Science of Thin Films: Deposition and Structure. 2nd ed. San Diego: Academic,2001:386-400.

[12] You L P,Heng C L,Ma S Y,et al. Precipitation and crystallization of nanometer Si clusters in annealed Si-rich SiO_2 films. J. Cryst. Growth. ,2000,212(1): 109-114.

[13] Feng S W,Tang T Y,Lu Y C,et al. Cluster size and composition variations in yellow and red light-emitting InGaN thin films upon thermal annealing. J. Appl. Phys. ,2004,95(10): 5388-5396.

[14] Honda Y,Shida S,Goda K,et al. Structure and optical properties of light-emitting Si films fabricated by neutral cluster deposition and subsequent high-temperature annealing. J. Non-Cryst. Solids,2006,352(21): 2109-2113.

[15] Hasegawa I,Nonomura S. Annealing temperature dependence of the size of C_{60} clusters in C_{60}-doped silicon oxide films. J. Sol-Gel Sci. Technol. ,2000,19(1-3): 297-300.

[16] Furukawa K,Liu Y,Nakashima H,et al. Observation of Si cluster formation in SiO_2 films through annealing process using X-ray photoelectron spectroscopy and infrared techniques. Appl. Phys. Lett. ,1998,72(6): 725-727.

[17] Tan S T,Sun X W,Zhang X H,et al. Cluster coarsening in zinc oxide thin films by post-growth annealing. J. Appl. Phys. ,2006,100(3): 033502.

[18] Zhu P L,Xue F,Liu Z,et al. Influence of annealing atmosphere on the magnetic properties of $SiO_2/Fe/SiO_2$ sandwiched nanocomposite films. J. Appl. Phys. ,2009,106(4): 043907.

[19] Simões A Z,Riccardi C S,Gonzalez A H M,et al. Piezoelectric properties of $Bi_4Ti_3O_{12}$ thin films annealed in different atmospheres. Mater. Res. Bull. ,2007,42(5): 967-974.

[20] Oh B Y,Jeong M C,Kim D S,et al. Post-annealing of Al-doped ZnO films in hydrogen atmosphere. J. Cryst. Growth,2005,281(2): 475-480.

[21] Chang J F,Lin W C,Hon M H. Effects of post-annealing on the structure and properties of Al-doped zinc oxide films. Appl. Surf. Sci. ,2001,183(1): 18-25.

[22] Regragui M, Addou M, Idrissi B E, et al. Effect of the annealing time on the physico-chemical properties of WO_3 thin films prepared by spray pyrolysis. Mater. Chem. Phys. ,2001,70 (1): 84-89.

[23] Yoshiike N, Kondo S. Electrochemical properties of $WO_3 \cdot x(H_2O)$: I. the influences of water adsorption and hydroxylation. Electrochem. Solar Cell,1983,130(11): 2283-2287.

[24] Daniel M F, Desbat B, Lassegues J C, et al. Infrared and Raman study of WO_3 tungsten trioxides and $WO_3 \cdot xH_2O$ tungsten trioxide tydrates. J. Solid State Chem. , 1987, 67: 235-247.

第3章 多铁性纳米结构薄膜的分析和性能检测技术

多铁性纳米结构薄膜拥有许多新奇而良好的特性,其不同于传统的块体材料,也不同于纳米颗粒、纳米线等不同维度的纳米材料。因而,分析多铁性纳米结构薄膜的形貌、成相、化学成分等结构特征,检测其铁磁性、铁电性、磁致伸缩效应、磁电效应等性能特点,需要一些不同于传统块材的设备与技术。在本章中,着重介绍了常用于多铁性纳米结构薄膜的 X 射线衍射、扫描电子显微镜、透射电子显微镜等结构表征技术,以及磁学、电学等性能检测技术,对其测试原理、表征参数、分析方法等方面做了详尽而充分的介绍。

3.1 引　　言

多铁性纳米结构薄膜属于二维纳米材料,仅在一个维度上具有纳米尺度,其他两个维度具有宏观尺度,因而其表面的原子排列、电荷分布、原子振动、化学成分等物理、化学特性信息与薄膜内部具有显著的不同。在纳米薄膜的表面处,其外一侧没有与表面原子成键的配对原子,表面原子的这种化学状态称为“悬挂键”,在表面处,“悬挂键”是大量存在的,导致薄膜表面具有很高的化学活性。纳米薄膜与外界的相互接触与作用多发生于表面处,薄膜表面对化学反应和物理过程的影响要远远大于薄膜内部的成分。因此,揭示表面现象的微观实质,分析表面形貌及成分结构,表征其磁学、电学等各方面性能,不但是关于多铁性纳米结构薄膜理论研究的需要,也是改进其制备工艺、保证薄膜质量、提高其物理化学性能的重要科学依据。

全面认识纳米薄膜的微观形貌、表面状态、组织结构等各种表面特性,需从宏观到微观逐层次对薄膜进行表征和分析,并研究薄膜组织形貌与制备工艺的关系,以及分析结构特征和物理性能之间的联系。

多铁性纳米结构薄膜的微观结构信息主要有:

(1) 表面形貌:晶粒尺寸、形状、取向及空间分布等;

(2) 相结构:晶态、晶系类型、晶格常数等;

(3) 化学成分:元素组成、价态、相对化学计量比等。

而薄膜的性质信息主要包括:

(1) 电学性质:铁电性、压电效应等;

(2) 磁学性质:铁磁性、磁致伸缩效应等;

（3）耦合性质：磁电耦合效应。

对薄膜微观结构的分析包括形貌分析、相结构分析、成分分析等，针对不同的分析，其又对应多种不同的分析手段，各种分析手段都有各自的适用范围与优缺点，需要根据实际情况进行选择。有时需要综合多种不同的分析方法对同一结构特点进行分析，综合各种分析方法获得实验结果，进而得出准确可靠的结论，这在纳米薄膜的表面分析中是至关重要的。如分析纳米薄膜的表面形貌，可采用扫描隧道显微镜、透射电子显微镜以及原子力显微镜进行分析，然后通过综合获得的形貌信息，做出对薄膜表面形貌的判断。

基于电磁辐射和运动粒子束（或场）与物质相互作用的各种性质而建立起来的各种分析方法构成了现代薄膜结构分析方法的主要组成部分。它们大致可分为电子显微分析、衍射分析、电子能谱分析、扫描探针分析、光谱分析以及离子质谱分析等几类主要的分析方法。

当电磁辐射（X 射线、红外及紫外光等）或运动载能粒子（电子、离子、中性粒子等）与物质相互作用时，会产生反射、散射及光电离等现象。这些被反射、散射后的入射粒子和由光电离激发的发射粒子（光子、电子、离子、中性粒子或场等）都是信息的载体，这些信息包括强度、空间分布、能量（动量）分布及自旋等。通过对这些信息的分析，可以获得有关表面的微观形貌、结构、化学组成、电子结构（电子能带结构和态密度、吸附原子、分子的化学态等）和原子运动（吸附、脱附、扩散、偏析等）等性能数据。此外，采用电场、磁场、热或声波等作为表面探测、激发源，也可获得表面的各种信息，构成各种表面分析方法。

多铁性纳米结构薄膜的磁学性能、电学性能、磁电耦合效应等是评价其性质的最重要的性能指标。表 3.1 列出了一些可能应用于多铁性纳米结构薄膜的结构分析和性能检测的主要方法。

表 3.1　多铁性纳米结构薄膜的分析检测技术

检测内容	检测方法
形貌分析	扫描电子显微镜（scanning electron microscope，SEM）
	透射电子显微镜（transmission electron microscope，TEM）
	原子力显微镜（atomic force microscope，AFM）
相结构分析	X 射线衍射（X-ray diffraction，XRD）
	低能电子衍射（low energy electron diffraction，LEED）
	反射式高能电子衍射（reflection high-energy electron diffraction，RHEED）
	拉曼光谱（Raman spectrum）
化学成分分析	X 射线光电子能谱（X-ray photoelectron spectroscopy，XPS）
铁电性	Sawyer-Tower 电路

检测内容	检测方法
铁磁性	振动样品磁强计（vibrating sample magnetometer，VSM） 超导量子干涉仪（superconducting quantum interference device，SQUID）
磁致伸缩效应	悬臂梁法
磁电效应	磁电效应综合测试系统

本章有所侧重地介绍了几种多铁性纳米结构薄膜的结构分析技术和性能检测技术。

3.2　结构分析技术

多铁性纳米结构薄膜的结构信息包括表面形貌、相结构、化学成分等方面。不同的检测仪器与分析技术，能够探测薄膜样品不同方面的信息，根据不同的需求，选择技术手段，能够对薄膜的形貌、结构、成分等各方面特点进行准确的分析。

通常，薄膜结构研究的第一步是认识薄膜的表面形貌，包括薄膜的表面宏观形貌和微观组织形貌的分析。采用的分析手段主要是各类显微镜，包括扫描电子显微镜、透射电子显微镜、原子力显微镜等，根据不同的分辨率需求，选择最为合适、成像效果最优的显微技术。随着显微技术的发展，目前的一些显微镜，如高分辨率透射电子显微镜（HRTEM）、原子力显微镜（AFM）、扫描隧道显微镜（STM）等，其分辨能力已经达到原子量级，可直接在显微镜下观测到表面原子的排列，进行晶格点阵的分析。若能在高分辨率显微镜的基础上添加其他信号探测和分析组件，则使得显微镜的功能大大拓展，不但可以观测形貌信息，还能对薄膜样品的晶体结构、化学成分等各方面信息进行分析，从而获得全面而准确的薄膜形貌信息。

薄膜的相结构分析，其主要目的在于探知薄膜晶体的晶格点阵类型、原子排列规律、晶体取向、晶格对称性以及原子在晶胞中的位置等晶体结构信息。获得相结构信息的技术手段主要是衍射方法，包括 X 射线衍射、电子衍射、中子衍射等。其中 X 射线衍射是分析薄膜晶体相结构的最常用方法，而电子衍射则更加适用于微晶、表面和薄膜晶体结构的分析和研究。当具有波动性质的电磁辐射（X 射线）或粒子（电子、中子）流与原子呈周期性排列的晶体相互作用时，由于电子的受迫振动而产生相干散射。散射波干涉的结果是在某些方向上的波相互叠加形成可以观察到的衍射波。衍射波具有两个基本特征，即衍射线（束）在空间分布的方位（衍射方向）和衍射线的强度，二者都与晶体的结构（原子排列规律）密切相关。

对于薄膜的化学成分分析，主要内容包括测定薄膜的元素组成、化学价态以及元素的分布等。薄膜成分分析方法的选择需要考虑的问题较多，主要包括能否测定元素的范围,能否判断元素的化学态、检测的灵敏度、表面探测深度、横向分布与深度分析,能否进行定量分析等,其他如谱峰分辨率、识谱难易程度、探测时对薄膜的破坏性等也应加以考虑。用于分析薄膜化学成分的主要技术手段有 X 射线光电子能谱、俄歇电子能谱、二次离子质谱等,从适用范围的广泛性、测试信息的准确性等方面考虑,本书着重介绍 X 射线光电子能谱。

3.2.1　形貌分析技术

1. 扫描电子显微镜(SEM)

1) 电子束与固体样品相互作用所产生的物理信号

　　电子显微技术通过聚焦电子束与样品相互作用产生的各种物理信号,分析样品的形貌特点,可以在极高的放大倍率下直接观察样品的形貌并选择分析区域,其为一种微区分析方法,具有极高的分辨力,可达到原子级,因而能有效进行纳米尺度的晶体表面形貌分析。如今,各种电子显微镜分析技术日益向着多功能、综合性发展,可以同时进行形貌、物相、化学成分等的综合分析。

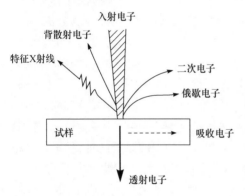

图 3.1　电子束与固体样品作用时产生的信号

　　电子与物质相互作用将会产生各种不同的物理信号,这里将要介绍电子与物质相互作用产生的物理信号及基本物理过程,并简要介绍这些信号在电子显微分析技术中的应用。高能电子束照射到固体表面上产生的各种电子及物理信号如图 3.1 所示,由于电子和固体表面的粒子作用方式和激发方式的不同,产生了各种不同的信息,现简要介绍如下。

　　(1) 背散射电子。背散射电子是被固体样品中的原子核反弹回来的一部分入射电子,其中包括弹性背散射电子和非弹性背散射电子。其中弹性背散射电子是被样品中原子核反弹回来的,散射角大于 $90°$ 的入射电子,其能量没有损失(或基本上没有损失),大概为数千电子伏到数万电子伏。而非弹性背散射电子是入射电子和样品核外电子撞击后产生的非弹性散射,不仅方向改变,能量也有不同程度的损失。如果有些电子经多次散射后仍能反弹出样品表面,这就形成非弹性背散射电子。非弹性背散射电子的能量分布范围很宽,从数十电子伏到数千电子伏。从数量上看,弹性背散射电子远比非弹性背散射电子所占的比例大。背散射电子的产生范围在几百纳米深度,由于背散射电子的产额随原子序数的增加而增加,所以,利用背散射电子作为成像信号不仅能分析形貌特征,也可用来显示原子序数衬度,定性地进行成分分析。

（2）二次电子。二次电子是在入射电子束作用下被轰击出来并离开样品表面的样品的核外电子。由于原子核和外层价电子的结合能很小，因此外层的电子比较容易脱离原子。当原子的核外电子从入射电子获得了大小相应的结合能的能量后，可离开原子而变成自由电子。如果这种散射过程发生在比较接近样品表面处，那些能量大于材料逸出功的自由电子可从样品表面逸出，变成真空中的自由电子，即二次电子。一个能量很高的入射电子射入样品时，可以产生许多自由电子，而在样品表面上方检测到的二次电子绝大部分来自价电子。二次电子来自表面 5～50 nm 处，能量为 50 eV，它对样品表面状态非常敏感，能有效地显示样品表面的微观形貌。由于它来自样品表面层，入射电子还没有较多次地散射，因此产生二次电子的面积与入射电子的入射面积近乎一致。所以，二次电子的分辨力较高，一般可达 5～10 nm。扫描电子显微镜的分辨力通常就是二次电子分辨力。二次电子产额随原子序数的变化不明显，它主要取决于表面形貌。

（3）吸收电子。吸收电子是入射电子进入样品后，经多次非弹性散射能量损失殆尽（假定样品有足够的厚度没有透射电子产生），最后被样品吸收而成为吸收电子。如果将样品与一纳安表连接并接地，将会显示出吸收电子产生的吸收电流。显然，样品的厚度越大，密度越大，原子序数越大，吸收电子就越多，吸收电流就越大，反之亦然。因此，不但可以利用吸收电流信号成像，还可以得出原子序数不同的元素的定性分布情况。

（4）透射电子。透射电子是如果被分析的样品很薄，就会有一部分入射电子穿过薄样品而成为透射电子，透射电子显微镜即利用透射电子来成像。如果样品很薄，只有 10～20 nm 的厚度，透射电子的主要组成部分是弹性散射电子，成像比较清晰，电子衍射斑点也比较锐。如果样品较厚，则透射电子中有相当一部分是非弹性散射电子，能量低于 E_0，并且是一变量，经磁透射成像后，由于色差的存在，因而影响成像清晰度。一般金属薄膜样品的厚度在 200～500 nm，在入射电子穿透样品的过程中将与原子核或者核外电子发生有限次数的弹性或非弹性散射。因此，样品下方检测到的透射电子信号中，除了有能量与入射电子相当的弹性散射电子外，还有各种不同能量损失的非弹性散射电子。其中有些特征能量损失 ΔE 的非弹性散射电子和分析区域的成分有关，因此，可以用特征能量损失电子配合电子能量分析进行微区成分分析。

样品的密度与厚度的乘积越小，则透射电子系数越大；反之，则吸收电子系数和背散射电子系数越大。图 3.2 是电子在铜样品中的透射电子系数、吸收电子系数和背散射电子系数（包括二次电子）随样品质量厚度 ρZ 的变化。

（5）特征 X 射线。当样品原子的内层电子被入射电子激发或电离时，原子就会处于能量较高的激发状态，此时外层电子将向内层跃迁以填补内层电子的空缺，从而使具有特征能量的 X 射线释放出来。

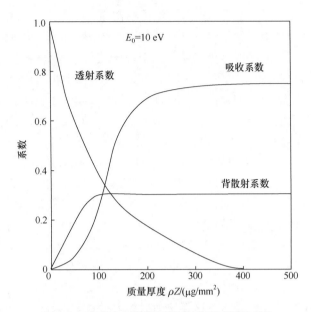

图 3.2　各种电子信号随样品质量厚度的变化

（6）俄歇电子。在入射电子激发样品的特征 X 射线过程中，如果在原子内层电子能级跃迁过程中释放出来的能量并不以 X 射线的形式发射出去，而是用这部分能量把空位层内的另一个电子发射出去（或使空位层的外层电子发射出去），这个被电离出来的电子称为俄歇电子。因每一种原子都有自己特定的壳层能量，所以它们的俄歇电子能量也各有特征值，一般在 50～1500 eV。俄歇电子是由样品表面极有限的几个原子层中发出的，这说明俄歇电子信号适用于表面化学成分分析。

电子与固体相互作用时产生的电子数目的多少对电子显微分析起到重要的作用。图 3.3 是样品表面上探测到的电子数目按能量的分布曲线，图中 E_0 为入射电子能量。由图可以看出，从样品表面出射的电子有背散射电子、二次电子、少量的俄歇电子和特征能量损失电子。由于探测器只能分别探测不同能量的电子，而并不能把能量相近的二次电子和背散射电子区别开来。因此，习惯上把能量低于 50 eV 的电子当成"真正的"二次电子，大于 50 eV 的电子归入背散射电子。背散射电子能量较高，其中主要是能量等于或接近于 E_0 的电子。

2）扫描电子显微镜的结构及工作原理

扫描电子显微镜由三个基本系统组成，分别是电子光学系统，信号收集、处理、显像系统，真空系统。图 3.4 为扫描电子显微镜的实物图，图 3.5 为其结构原理的示意图。由电子枪发射的能量为 5～35 keV 的电子，以其交叉斑作为电子源，经二级聚光镜和物镜的会聚形成具有一定能量、一定束流强度和束斑直径的电子束，在

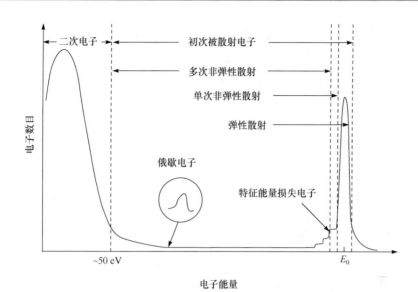

图 3.3　样品表面电子数目按能量分布曲线

扫描线圈的驱动下,在样品表面按一定时间、空间顺序作栅网式扫描。聚焦电子束与样品相互作用,产生二次电子以及其他的物理信号,二次电子产额随样品表面形貌的不同而变化。二次电子信号被探测器收集转换成电信号,经视频放大后输入到显像管栅极,调制与入射电子束同步扫描的显像管亮度,得到反应样品表面形貌的二次电子像。

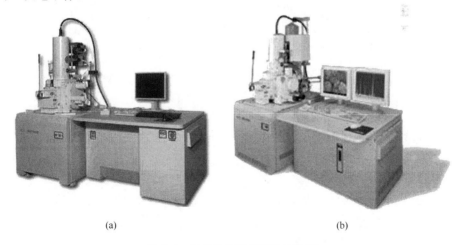

(a)　　　　　　　　　　　　　　　　　(b)

图 3.4　扫描电子显微镜的实物图

(a) 热场发射扫描电子显微镜 JSM-7600F;(b) 冷场发射扫描电子显微镜 JSM-7500F

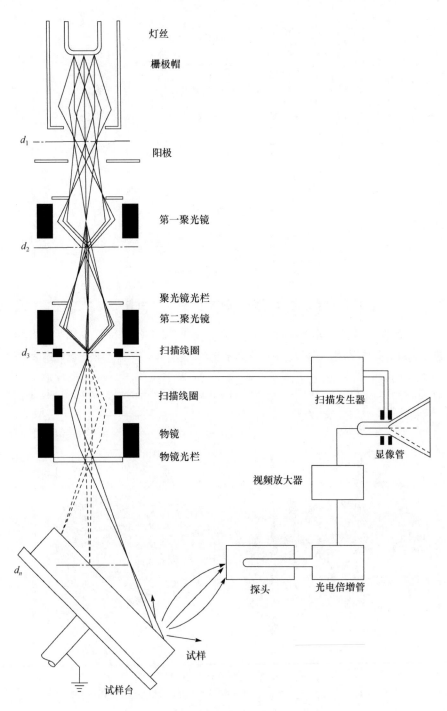

图 3.5　扫描电子显微镜的结构原理图

扫描电子显微镜的电子光学系统包括电子枪、电磁透镜、扫描线圈和样品室四个部分。

电子枪的作用是产生电子照明源,其加速电压要低于透射电子显微镜,它的性能决定了扫描电子显微镜的质量,电子枪的亮度限制了扫描电子显微镜的分辨率。电子束流由电子枪的阴极发射,随着阴极材料的电子逸出功的减小,以及阴极发射的温度升高,所形成的电子束流的强度逐渐增大,因而电子枪的亮度越来越高。阴极发射电流密度 J_K 的表达式如下所示:

$$J_K = A_0 T \exp(-e\varphi/kT) \tag{3.1}$$

式中,A_0 为发射常数;φ 为阴极材料的逸出功。从上式可以看出影响电子枪发射性能的因素有如下四个方面:一是阴极材料本身的热电子发射性质(如电子逸出功、几何形状等);二是阴极的加热电流,发射电流强度随着阴极加热电流的增加而增加;三是阴极尖端到栅极孔的距离;四是阴极的加速电压,高的加速电压可以获得大的发射电流强度,从而获得高亮度的电子电流。

目前,应用于扫描电子显微镜的电子枪可以分为三类,分别是直热式发射型电子枪、旁热式发射型电子枪以及场致发射型电子枪。其中,直热式电子枪的阴极材料是直径为 $0.1 \sim 0.15$ mm 的钨丝,通常制成发夹式或者针尖式,并利用直接电阻加热来发射电子,目前,这是一种商业化应用最为广泛的电子枪。此种电子枪的寿命为 $30 \sim 100$ h,且成像不如其他两种明亮,但其成本较低,因而应用广泛。旁热式电子枪的阴极材料是用电子逸出功较小的 LaB_6、YB_6、TiC 或 ZrC 等材料制造的,其中 LaB_6 应用最多,它是用旁热式加热阴极来发射电子的。LaB_6 的寿命为 $200 \sim 1000$ h,成像比钨丝明亮,需要 10^{-7} Torr 以上的真空环境,但成本要高于钨丝大约 10 倍。场致发射型电子枪的阴极材料是用(310)钨单晶针尖制造的,针尖的曲率半径大约为 100 nm,利用场致发射效应来发射电子。此种电子枪需要压强小于 10^{-10} Torr 的极高真空环境,其寿命达到 1000 h 以上,且不需要电磁透镜系统。

电磁透镜在扫描电子显微镜中起会聚作用,而不做成像透镜使用。利用多级透镜组合使用,把电子枪的束斑(虚光源)逐级聚焦缩小,使原来直径约为 $50\ \mu m$ 的束斑缩小成一个只有数个纳米的细小斑点。扫描电子显微镜一般有三个电磁透镜,其中第一聚光镜和第二聚光镜为强磁透镜,并由一组会聚光圈与之相配,可把电子束光斑缩小。第三个透镜是弱磁透镜,具有较长的焦距,可将电子束的焦点会聚到样品表面,此透镜又被称为物镜。布置此物镜的目的在于使样品室和透镜之间留有一定的空间,以便装入各种信号探测器。扫描电子显微镜中照射到样品上的电子束直径越小,就相当于成像单元的尺寸越小,相应的分辨率就越高。采用普通热阴极电子枪时,扫描电子束的束径可达到 6 nm 左右,而若采用 LaB_6 作为阴极材料的场致发射型电子枪,电子束束径还可进一步缩小。调节透镜的总缩小倍数即可得到不同直径的电子束斑,随着束斑直径的减小,电子束流将减小。

　　扫描线圈的作用是使经电磁透镜会聚后的电子束发生偏转,并在样品表面做规律的扫描动作,因为由同一扫描发生器控制,故电子束在样品上的扫描动作和显像管的扫描动作是严格一致的。当进行形貌分析时,采用光栅扫描方式,即让入射电子束在上偏转线圈和下偏转线圈的作用下发生两次偏转,之后通过物镜照射到样品表面。当电子束偏转的同时还带有一个逐行扫描动作,电子束在上下偏转线圈的作用下,在样品表面扫描出方形区域,相应地画出一帧比例图像。在进行电子通道花样分析时,采用角光栅扫描方式,即只经过上偏转线圈的偏转作用,然后直接由物镜入射到样品表面。入射束被上偏转线圈转折的角度越大,则电子束在入射点上摆动的角度也越大。

　　样品室除放置样品外,还在其中安装信号探测器,探测器的安放位置和信号的收集精度有很大的关系,若安放不当,很有可能造成收集不到信号或者收集到的信号很弱。样品台除能固定样品外,还可做平移、转动、倾斜等运动,便于对样品的每一个指定位置进行精确的分析,若能搭配附件,还可在样品台上对样品进行加热、冷却、拉伸和疲劳等性能测试实验。

　　信号收集、处理、显像系统能够检测二次电子、背散射电子、透射电子等的信号,并经数据处理,显示出样品的形貌图像,此系统通常由扫描系统、信号探测系统和图像显示记录系统等几部分组成。二次电子、背散射电子、透射电子的信号利用闪烁计数器来进行检测,信号电子进入闪烁体后引起电离,当离子和自由电子复合后就产生可见光。通过光导管将可见光信号送入光电倍增器,放大光信号,转化成电流信号输出,电流信号经视频放大器放大后就称为调制信号。由于镜筒中的电子束和显像管中的电子束是同步扫描的,而荧光屏上每一点的亮度是根据样品上被激发出来的信号强度来调制的,因此样品上各点的状态不同,所接收到的信号也不相同,于是能在显像管上看到一幅反映样品各点状态的扫描电子显微图像。

　　真空系统是使镜筒内有一定的真空度,保证扫描电子显微镜中电子光学系统的正常工作。通常情况下,真空度为 $1.33 \times 10^{-3} \sim 1.33 \times 10^{-2}$ Pa 时,就可防止样品的污染。如果真空度不足,除样品被严重污染外,还会出现灯丝寿命下降、极间放电、虚假二次电子效应、透镜光阑和样品表面受碳氢化合物污染加速等现象,从而严重影响成像质量。因此,真空系统的质量是衡量扫描电子显微镜质量的重要参考标准。常用的真空系统有三种,分别是油扩散泵系统、涡轮分子泵系统、离子泵系统。油扩散泵可获得 $10^{-5} \sim 10^{-3}$ Pa 的真空度,基本能满足扫描电子显微镜对真空度的要求,但是容易使样品和电子光学系统的内壁受到污染。涡轮分子泵系统的真空度可达 10^{-4} Pa 以上,其优点为无油污染的存在,但是噪声和震动较大,因而限制了其在扫描电子显微镜中的应用。离子泵系统可达 $10^{-8} \sim 10^{-7}$ Pa 的极高真空度,可满足在扫描电子显微镜中采用 LaB_6 电子枪和场致发射型电子枪对真空度的要求。

3) 扫描电子显微镜的特点

扫描电子显微镜之所以在世界范围内获得了广泛的应用,是因为其具有不同于其他显微分析技术的诸多特点。

(1) 测试样品的尺寸范围较大,最大可观察直径为 30 mm 的大块样品。

(2) 制样方法简单,对于表面清洁的导电材料可不用制样而直接进行观察;对表面清洁的非导电材料只要在表面蒸镀一层导电层后即可进行观察。

(3) 场深大,通常为几纳米厚。在扫描电子显微镜中,位于焦平面上下的一小层区域内的样品点都可以得到良好的聚焦而成像,这一小层的厚度层称为场深。因为其较大的场深,所以适用于粗糙表面和断口的分析观察,且得到的图像富有立体感、真实感,易于识别和解释,也可以用于纳米级样品的三维成像。如果增加工作距离,可以在其他条件不变的情况下获得更大的场深,而若减小工作距离,则可以在其他条件不变的情况下获得更高的分辨率。

(4) 放大倍数变化范围大且连续可调,一般为 15～200000 倍,最大可达 300000 倍,对于多相、多组成的非均匀材料,便于低倍下的全局观察和高倍下的局部观察分析。

(5) 分辨率高,一般为 3～6 nm,最高可达 2 nm。扫描电子显微镜的分辨率是指能分开的两点之间的最小距离,是其主要性能指标之一。表 3.2 列出了扫描电子显微镜主要信号的成像分辨率。从表中可以看出,扫描电子显微镜的不同成像信号的分辨率是不同的,二次电子像的分辨率最高,X 射线像的分辨率最低。除与信号种类有关外,扫描电子显微镜的分辨率还与入射电子束束斑的大小有关。扫描电子显微镜是通过电子束在样品上逐点扫描成像,因此任何小于电子束斑的样品细节都不能在荧光屏图像上得到显示,也就是说扫描电子显微镜图像的分辨率不可能小于电子束斑直径。

表 3.2　成像信号与分辨率的关系

信号	二次电子	背散射电子	吸收电子	特征 X 射线	俄歇电子
分辨率/nm	5～10	50～200	100～1000	100～1000	5～10

(6) 可通过电子学方法有效控制和改善图像质量,如通过 γ 调制可改善图像反差的宽容度,使图像各部分亮暗适中。采用双放大倍数装置或图像选择器,可在荧光屏上同时观察不同放大倍数的图像或不同形式的图像。

(7) 可进行功能扩展,实现多种功能的测试分析。与 X 射线谱仪配接,可在观察形貌的同时进行微区成分分析;配有光学显微镜和单色仪等附件时,可观察阴极荧光图像和进行阴极荧光光谱分析;连接半导体样品座附件,可利用电子束电导和电子伏特信号观察晶体管或集成电路中的 PN 结及缺陷。

(8) 可使用加热、冷却和拉伸等样品台进行动态试验,观察样品在各种环境条件下的相变及形态变化等。

4) 扫描电子显微镜的衬度原理分析

扫描电子显微镜的显微图像所对应的衬度是信号衬度,如下式所示:

$$C = \frac{i_2 - i_1}{i_2} \tag{3.2}$$

式中,C 为信号衬度;i_1 和 i_2 代表电子束在样品上扫描时从任意两点探测到的信号强度。根据衬度形成的依据,可将其分为表面形貌衬度、原子序数衬度和电压衬度,此处重点介绍前两者。

(1) 表面形貌衬度。表面形貌衬度是由于样品表面的形貌差异而形成的衬度。利用对样品表面形貌变化敏感的物理信号,如二次电子、背散射电子等作为显像管的调制信号,可以得到形貌衬度像,其强度是样品表面倾角的函数。而样品表面微区形貌的差别实际上就是各微区表面相对于入射束的倾角不同,因此电子束在样品表面扫描时任意两点的形貌差别,表现为信号强度的差别,从而在图像中形成显示形貌的衬度。二次电子像的衬度是最典型的表面形貌衬度,下面以二次电子像为例说明形貌衬度的形成过程。

二次电子信号主要用于分析样品的表面形貌。二次电子只能从样品表面 5~10 nm 深度范围内被入射电子束激发出来,大于 10 nm 时,虽然入射电子也能使核外电子脱离原子而变成自由电子,但因其能量较低且平均自由程较短,不能逸出样品表面,最终只能被样品吸收。

被入射电子束激发出的二次电子数量和原子序数没有明显的关系,但是二次电子对微区表面的几何形状十分敏感。图 3.6 说明了样品表面和电子束相对位置与二次电子产额之间的关系。

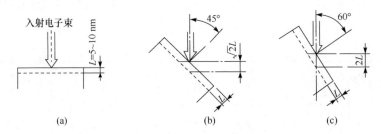

图 3.6　二次电子产额与入射角的关系
(a) $\theta = 0°$;(b) $\theta = 45°$;(c) $\theta = 60°$

入射电子束和样品表面法线平行时,即图 3.6(a)中 $\theta = 0°$,二次电子的产额最少。若入射角为 45°,则电子束穿入样品激发二次电子的有效深度增加到 $\theta = 0°$ 时的 $\sqrt{2}$ 倍,入射电子束距表面 5~10 nm 的作用体积内逸出表面的二次电子数目增多。当入射角度为 60°时,有效深度增加为 $\theta = 0°$ 时的 2 倍,激发出更多的二次电子。因此可以看出,随着入射角的增大,二次电子的产额增加。

图 3.7 为根据上述原理画出的造成二次电子形貌衬度的示意图。如图所示，样品 B 面的倾斜角度最小，二次电子产额最小，亮度最低，其他面的倾斜角度较大，因而亮度较大。

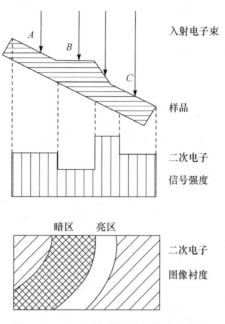

图 3.7　二次电子形貌衬度形成示意图

（2）原子序数衬度。原子序数衬度是由样品表面物质原子序数（或化学成分）的差异所形成的衬度。利用对样品表面原子序数（或化学成分）变化敏感的物理信号作为显像管的调制信号，可以得到原子序数衬度图像。特征 X 射线像的衬度是原子序数衬度，背散射电子像、吸收电子像的衬度包含有原子序数衬度。如果样品表面存在形貌差异，则背散射电子像还包括表面形貌衬度。

背散射电子的信号既可以用来进行形貌分析，也可以用于成分分析。在进行晶体结构分析时，背散射电子信号的强弱是造成通道花样衬度的原因。

用背散射电子进行形貌分析时，其分辨率远比二次电子低，因为背散射电子是在一个较大的作用体积内被入射电子激发出来的，成像单元变大是分辨率降低的原因。此外，背散射电子的能量很高，它们以直线轨迹逸出样品表面，对于背向检测器的样品表面，因检测器无法收集到背散射电子而变成一片阴影，因此在图像上显示出很强的衬度，衬度太大会失去细节的层次，不利于分析。用二次电子信号作形貌分析时，可以在检测器收集栅上附加一定大小的正电压（一般为 $250\sim500$ V），来吸引能量较低的二次电子，使它们以弧形路线进入闪烁体，这样在样品表面某些背向检测器或者凹坑等部位上逸出的二次电子也能对成像有所贡献，从而使图像层次(景深)增加,细节清楚。

　　虽然背散射电子也能进行形貌分析,但是它的分析效果远不及二次电子。因此,在作无特殊要求的形貌分析时,都不用背散射电子信号成像。

　　由于样品成分是与背散射电子产额密切相关的,因而多用背散射电子信号来进行成分分析,图3.8给出了原子序数对背散射电子产额的影响。由图可以看出,原子序数大,背散射电子产额多,故在原子序数衬度像中,原子序数(或平均原子序数)大的区域比原子序数小的区域更亮。对于表面光滑形貌无明显差异的较厚样品,当样品由单一元素构成时,电子束扫描到样品上各点产生的信号强度是一致的,得到的像中不存在衬度。当样品由两种不同的元素构成,其原子序数分别为 Z_1、$Z_2(Z_1 < Z_2)$,则元素 Z_1、Z_2 所对应的区域1和区域2产生的背散射电子数目不同,因此探测器探测到的信号强度不同,从而形成背散射电子的原子序数衬度。

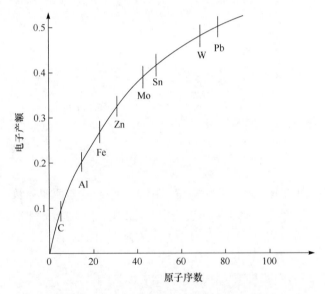

图3.8　原子序数和背散射电子产额之间的关系曲线

　　采用背散射成像时,既包含有形貌衬度像,又有原子衬度像。为了避免形貌衬度对原子序数衬度的干扰,被分析的样品只进行抛光,而不必腐蚀。对有些既要进行形貌分析又要进行成分分析的样品,可以采用一对检测器收集样品同一部位的背散射电子,然后把两个检测器收集到的信号输入计算机处理,通过处理可以分别得到放大的形貌信号和成分信号,其工作原理如图3.9所示。在对称入射束的方位装上一对半圆形半导体背散射电子探测器,两探测器有相同的探测效率。对原子序数信息,两探测器探测到样品上同一扫描点产生的背散射电子信号强度是相同的,但对形貌信息,则是互补的。如图3.9(a)所示,如果对成分不均匀但表面抛光平整的样品作成分分析时,A、B 检测器收集到的信号大小是相同的。把 A 和 B 的信号相加,得到的是信号放大一倍的成分像;把 A 和 B 的信号相减,则成一条水平线,表示抛光表面的形貌像。图 3.9(b)是对成分均一但表面有起伏的样品进行形貌分析时的情况。例如,分析图中的 P 点,P 位于探测器 A 的正面,使 A 收集到的信号较强,但 P 点背向检测器 B,使 B 收集到的信号较弱,若把 A 和 B 的信号相加,则两者正好抵消,这就是成分像;若把 A 和 B 两者相减,信号放大就成了形貌像。

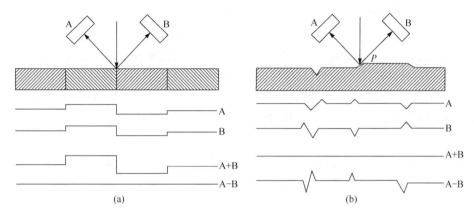

图 3.9　背散射电子成分像和形貌像的分离
(a) 成分有差别,形貌无差别;(b) 形貌有差别,成分无差别

5) 扫描电子显微镜的实际应用

在扫描电子显微镜的实际使用过程中,试样制备技术占有重要的地位,它直接关系到电子显微图像的观察效果和对图像的正确解释。如果制备不出适合扫描电子显微镜特定观察条件的试样,即使仪器性能再好也不会得到好的观察效果。对于大小不同的导电固体试样,如块体、薄膜、颗粒等,可在真空中直接进行观察,而对于不导电的试样,需要在其表面蒸镀一层金属导电膜。如果在观察过程中,试样表面不导电或导电性不好,将产生积累电荷和放电现象,使得入射电子束偏离正常路径,最终造成图像不清晰乃至无法观察和照相。

对于块体导电性材料,其大小不应超过仪器的规定(如试样直径最大为 25 mm,最厚不超过 20 mm 等)。用双面胶带将试样粘在载物盘上,再用导电银浆连通试样与载物盘以确保导电良好,待银浆干透之后就可放到样品室中直接观察。而对于非导电块体材料,应在涂导电银浆的时候将其从载物盘一直连接到块体材料的上表面,因为观察时电子束是直接照射在试样的上表面的。

对于粉末状试样,首先在载物盘上粘上双面胶带,然后取少量粉末试样放在胶带上靠近载物盘的圆心位置,用吹气橡胶球朝载物盘径向的外方向轻吹,以使粉末可以均匀分布在胶带上,也可以把粘结不牢的粉末吹走,以免污染镜体。再在胶带边缘涂上导电银浆以连接样品和载物盘,等银浆干了之后就可以进行最后的蒸金处理。无论是导电还是不导电的粉末试样都必须进行蒸金处理,因为试样即使导电,在粉末状态下颗粒间紧密接触的概率也是很小的,除非采用价格较昂贵的碳导电双面胶带。

对于溶液试样,一般采用薄铜片作为载体。首先,在载物盘上粘上双面胶带,然后粘上干净的薄铜片,把溶液小心滴在上面,待溶液干了之后观察析出的样品量是否足够,如果不够再滴一次,等再次干了之后就可以涂导电银浆和蒸金了。

以上介绍了各种试样的制备过程,下面说明蒸金的具体方法。

利用扫描电子显微镜观察高分子材料(塑料、纤维、橡胶等)、陶瓷、玻璃等不导电或导电性很差的非金属材料时,一般都要事先用真空镀膜机或离子溅射仪在试样表面上蒸镀一层重金属导电薄膜,通常为一层金膜,这样既可以消除试样荷电现象,又可以增加试样表面的导电导热性,减少电子束造成的试样损伤,提高二次电子发射率。

除用真空镀膜机制备导电膜外,利用离子溅射仪制备试样表面导电膜能收到更好的效果。溅射过程是在真空度为 $2.66 \sim 26.6$ Pa 条件下,阳极(试样)与阴极(金靶)之间加 $500 \sim 1000$ V 直流电压,使残余气体产生电离后的阳离子及电子在极间电场作用下,将分别移向阴极和阳极。在阳离子轰击下,金靶表面迅速产生金粒子溅射,并在不断地遭受残余气体散射的过程中,金粒子从各个方向落到阳极位置的试样表面,形成一定厚度的导电膜,整个过程只需要 $1 \sim 2$ min。离子溅射法设备简单,操作方便,喷涂导电膜具有较好的均匀性和连续性,是日益被广泛采用的方法。此外,利用离子溅射仪对试样进行选择性减膜(蚀刻)或清除表面污染物等工作也很有效。

在日常操作中,需要对扫描电子显微镜的控制参数进行选择和调节,这些参数主要有电子的加速电压、透镜的励磁电流、工作距离、末级透镜光阑孔径和帧扫描时间等。

电子加速电压越大,电子探针容易聚焦得更细,故采用高的加速电压对提高图像的分辨率和信噪比是有利的。但是,如果观察的对象是高低不平的表面或深孔,为了减小入射电子探针的贯穿深度和散射体积,从而改善在不平的表面上获得图像的清晰度,采用较低的加速电压是适宜的。对于容易发生充电的非导体试样或容易烧伤的生物试样,则宜采用较低的加速电压。

电子探针的高斯斑尺寸是随着透镜电流的增加而见效的,因此,高的透镜励磁电流对提高图像的分辨率是有利的,但对信噪比不利,如果用低的透镜电流则刚好相反。为了兼顾这种矛盾,通常先选取中等水平的透镜电流,如果对观察试样所采用的观察倍数不高,并且图像质量的主要矛盾是信噪比不够,则可以采用较小的透镜电流值，如果要求观察的倍数较高，并且图像质量的主要矛盾在分辨率，则应逐步增加透镜电流。

对于工作距离参数，为了获得高的图像分辨率，采用小的工作距离的观察条件是可取的。但如果要观察的试样是一种高低不平的表面，要获得较大的景深，采用大的工作距离是必要的，但要注意图像的分辨率将会降低。

2. 透射电子显微镜(TEM)

1) 透射电子显微镜的结构及工作原理

透射电子显微镜是一种具有高分辨率、高放大倍数的电子光学显微镜，是观察和分析材料的形貌、组织和结构的有效工具。它用聚焦电子束作为照明源，使用对电子束透明的薄膜样品(几十到几百纳米)，以透射电子为成像信号。1924 年德布罗意发现电子波的波长比可见光短 10 万倍，两年后布施指出轴对称非均匀磁场能使电子波聚焦，在此基础上，1932～1933 年，卢斯卡(Ruska)等在研究高压阴极射线示波管的基础上制成了第一台透射式电子显微镜。1940 年第一批商用透射电子显微镜问世，电子显微镜进入实用阶段，到 20 世纪 70 年代，透射电子显微镜的分辨率达到 0.3 nm，是目前材料显微分析中常用的一种工具。

透射电子显微镜由三个基本系统组成，分别是电子光学系统、电源与控制系统、真空系统，图 3.10 为扫描电子显微镜的实物图，图 3.11 为其结构原理的示意图。由电子枪(或场发射源)发射出来的电子在几百千伏的加速电压的加速下，经聚光镜(2～3 个磁透镜)会聚成电子束照射在样品上。由于电子的穿透能力弱，样品必须很薄，对电子束呈透明状，其厚度决定于样品成分、加速电压等，一般小于 200 nm。穿过样品的电子的强度分布与所观察的样品区的形貌、组织、结构一一对应，它们经物镜、中间镜、投影镜的三级磁透镜聚集放大透射在观察图形的荧光屏上，荧光屏把电子强度分布转变为人眼可见的光强分布，于是在荧光屏上显示出与样品形貌、组织、结构相对应的图像。

透射电子显微镜的电子光学系统通常称为镜筒，是透射电子显微镜的核心，它的光路原理与透射光学原理十分相似，分为三个部分，分别是照明系统、成像系统和观察记录系统。

照明系统由电子枪、聚光镜和相应的平移对中、倾斜调节装置组成。其作用是

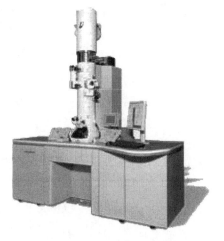

图 3.10　JEM-2100F 型透射
电子显微镜的实物图

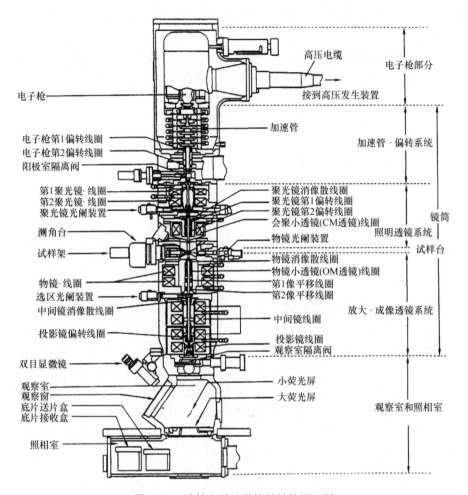

图 3.11　透射电子显微镜的结构原理图

提供一束亮度高、照明孔径角小、平行度好、束流稳定的照明源。为满足明场和暗场成像的需要,照明束可倾斜 $2°\sim3°$。

　　电子枪是透射电子显微镜的电子源,常用的是热阴极三级电子枪,它由发夹形钨丝阴极、栅极和阳极组成,如图 3.12 所示。在电子枪的自偏压回路中,负高压直接加在栅极上,而阴极和负高压之间因加上了一个偏压电阻,使栅极和阴极之间有一个数百伏的电位差。图 3.12(b)中反映了阴极、栅极和阳极之间的等位面分布情况。因为栅极比阴极电位值更负,所以可以用栅极来控制阴极的发射电子有效区域。当阴极流向阳极的电子数量加大时,在偏压电阻两端的电位值增加,使栅极电位比阴极电位进一步变负,由此可以减小灯丝有效发射区域的面积,束流随之减小。若束流因某种原因而减小时,偏压电阻两端的电压随之下降,致使栅极和阴极之间的电位差减小。此时,栅极排斥阴极发射电子的能力减弱,束流又可望上升。因此,自偏压回路可以起到限制和稳定束流的作用。由于栅极的电位比阴极负,所以自阴极端点引出的等位面在空间呈弯曲状。在阴极和阳极之间的某一地点,电子束会聚成一个交叉点,这就是通常所说的电子源,交叉点处电子束直径约几十个微米。

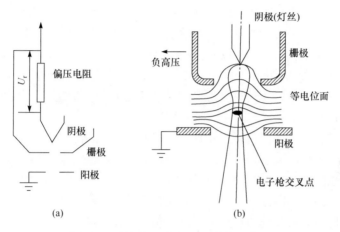

图 3.12　热阴极三级电子枪结构示意图

(a) 自偏压回路;(b) 电子枪内的等电位面

聚光镜用来会聚电子枪射出的电子束,要以最小的损失照明样品,需要调节照明强度、孔径角和束斑大小。一般都采用双聚光镜系统,如图 3.13 所示。第一聚

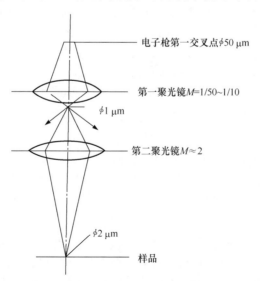

图 3.13　电子光学系统中的照明系统光路

光镜是强激磁透镜,束斑缩小率在 $1/50 \sim 1/10$,将电子枪第一交叉点束斑缩小为 $1 \sim 5 \ \mu m$;而第二聚光镜是弱激磁透镜,适焦时放大倍数在 2 倍左右。结果在样品平面上可获得 $2 \sim 10 \ \mu m$ 的照明电子束斑。

电子光学系统中的成像系统主要由物镜、中间镜和投影镜组成。

物镜是用来形成第一幅高分辨率电子显微图像或电子衍射花样的透镜。透射电子显微镜分辨本领的高低主要取决于物镜,因为物镜的任何缺陷都将被成像系统中的其他透镜进一步放大。欲获得物镜的高分辨本领,必须尽可能降低像差,通常采用强激磁、短焦距的物镜,像差小,放大倍数较高,一般在 $100 \sim 300$ 倍。目前,高质量的物镜的分辨率可达 0.1 nm 左右。物镜的分辨率主要取决于极靴的形状和加工精度,一般来说,极靴的内孔和上下极靴之间的距离越小,物镜的分辨率就越高。为了减小物镜的球差,往往在物镜的后焦面上安放一个物镜光阑。物镜光阑不仅具有减小球差、像散和色差的作用,而且可以提高图像的衬度。此外,当物镜光阑位于后焦面位置时,可以方便地进行暗场及衍衬成像操作。在用电子显微镜进行图像分析时,物镜和样品之间的距离总是固定不变的,即物距 L_1 不变。因此,改变物镜放大倍数成像时,主要是改变物镜的焦距和像距来满足成像条件。

中间镜是一个弱激磁的长焦距变倍透镜,可在 $0 \sim 20$ 倍范围调节。当放大倍数大于 1 时,用来进一步放大物镜像;当放大倍数小于 1 时,用来缩小物镜像。在电子显微镜操作过程中,主要是利用中间镜的可变倍率来控制电镜的总放大倍数。如果物镜的放大倍数 $M_0 = 100$,投影镜的放大倍数 $M_p = 100$,则中间镜放大倍数 $M_i = 20$ 时,总放大倍数 $M = 100 \times 20 \times 100 = 200000$ 倍。若 $M_i = 1$,则总放大倍数为 10000 倍。如果把中间镜的物平面和物镜的像平面重合,则在荧光屏上将得到一幅放大像,这就是电子显微镜中的成像操作,如图 3.14(a)所示;如果把中间镜的物平面和物镜的焦平面重合,则在荧光屏上将得到一幅电子衍射花样,这就是透射电子显微镜中的电子衍射花样,如图 3.14(b)所示。

投影镜的作用是把中间镜放大(或缩小)的像或电子衍射花样进一步放大,并投影到荧光屏上,它和物镜一样,是一个短焦距的强磁透镜。投影镜的励磁电流是固定的,因为成像电子束进入投影镜时孔径角很小,约 10^{-5} rad,因此它的景深和焦长都非常大。即使改变中间镜的放大倍数,使显微镜的总放大倍数有很大的变化,也不会影响图像的清晰度。有时,中间镜的像平面会出现一定的位移,由于这个位移距离仍处于投影镜的景深范围之内,因此,在荧光屏上的图像依旧是清晰的。

电子光学系统中的观察记录系统包括荧光屏和照相机构,其中照相机构是在荧光屏的下面放置一个可以自动换片的照相暗盒。照相时只要把荧光屏掀起一侧垂直竖起,电子束即可使照相底片曝光。由于透射电子显微镜的焦长很大,虽然荧光屏和底片之间有数厘米的间距,但仍能得到清晰的图像。通常采用在暗室操作

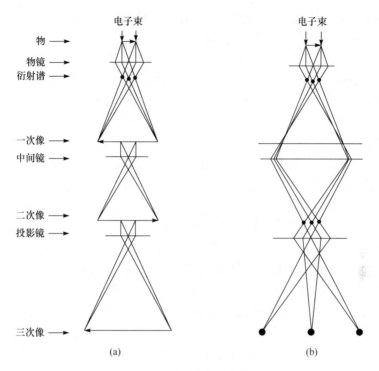

图 3.14 电子光学系统中的成像系统光路

(a) 电子放大像光路图;(b) 电子衍射像光路图

情况下,人眼较敏感的、发绿光的荧光物质来涂制荧光屏。这样有利于高放大倍数、低亮度图像的聚焦和观察。电子感光片是一种对电子束曝光敏感、颗粒度很小的溴化物乳胶底片,它是一种红色盲片。由于电子与乳胶相互作用比光子强得多,照相曝光时间很短,只需几秒钟。早期的电子显微镜用手动快门,构造简单,但曝光不均匀。新型电子显微镜均采用电磁快门,与荧光屏动作密切配合,动作迅速,曝光均匀。有的还装有自动曝光装置,根据荧光屏图像的亮度,自动地确定曝光所需的时间。如果配上适当的电子线路,还可以实现拍片自动计数。

透射电子显微镜的电源与控制系统主要包括三部分,其中灯丝电源和高压电源使电子枪产生稳定的高能照明电子束;各磁透镜的稳压稳流电源,使各磁透镜具有高的稳定度;电气控制电路用来控制真空系统、电气合轴、自动聚焦、自动照相等。

透射电子显微镜的镜筒必须具有较高的真空度,因而需要真空系统。若电子枪中存在气体,很难产生气体电离和放电,炽热的阴极灯丝受到氧化或腐蚀而烧断,高速电子受到气体分子的随机散射而降低成像衬度以及污染样品,因而真空系统保证了透射电子显微镜的高效稳定的工作。一般电子显微镜镜筒的真空度要求

在 $10^{-4} \sim 10^{-6}$ Torr。真空系统由二级真空泵组成：前级泵为机械泵，将镜筒预抽至 10^{-3} Torr；二级泵为油扩散泵，将镜筒抽至 $10^{-4} \sim 10^{-6}$ Torr。当镜筒内达到 $10^{-4} \sim 10^{-6}$ Torr 的真空度后，透射电子显微镜才可以开始工作。在整个工作过程中，镜筒必须处于真空状态。新式的透射电子显微镜中电子枪、镜筒和照相室之间都装有气阀，各部分都可单独地抽真空和单独放气。因此，在更换灯丝、清洗镜筒和更换底片时，可不破坏其他部分的真空状态。

2) 透射电子显微镜的制样方法

利用透射电子显微镜对样品进行测试，其前提是制备出适合透射电子显微镜观察用的试样，也就是要制备出厚度仅为 $100 \sim 200$ nm，甚至几十纳米的对电子束"透明"的试样。对材料研究来说这些试样有三种类型：一是经悬浮分散的超细粉末颗粒；二是用一定方法减薄的薄膜材料；三是用复型方法将材料表面或断口形貌复制下来的复型膜。粉末颗粒试样和薄膜试样因其是所研究材料的一部分，属于直接试样；复型膜试样仅是所研究形貌的复制品，属于间接试样。

粉末样品的制备：首先应用超声波分散器将需要的粉末在不与粉末发生反应的溶液中分散成悬浮液；再用滴管滴几滴在覆盖有碳加强火胶棉支持膜的电镜铜网上，待其干燥或用滤纸吸干后，再蒸上一层碳膜，即成为观察用的分散情况。也可把载有粉末的铜网再做一次投影操作，以增加图像的立体感，并可根据投影"影子"的特征来分析粉末颗粒的立体形状。

块状材料是通过减薄的方法制备成对电子束透明的薄膜样品，在减薄之前需要先进行机械或化学方法的预减薄。减薄的方法有超薄切片、电解抛光、化学抛光和离子轰击等。超薄切片适用于生物试样，电解抛光适用于金属材料，化学抛光适用于在化学试剂中能均匀减薄的材料，如半导体、单晶体、氧化物等。离子轰击适用于无机非金属材料，是一种 20 世纪 60 年代初发展起来的减薄装置。离子轰击减薄是将待观察的试样按预定取向切割成薄片，再经机械减薄抛光等过程预减薄至 $30 \sim 40$ μm 的薄膜，薄膜钻取或切取成尺寸为 $2.5 \sim 3$ mm 的小片，装入离子轰击减薄装置进行离子轰击减薄和离子抛光。离子轰击减薄装置提供一个高真空的环境，两个相对的冷阴极离子枪，提供高能量的氩离子流，以一定角度对旋转的样品的两面进行轰击。当轰击能量大于样品表面原子的结合能时，样品表面原子受到氩离子轰击而发生溅射，经较长时间的连续轰击、溅射，最终样品中心部分穿孔。穿孔后的薄膜在孔的边缘处极薄，对电子束是透明的，就成为薄膜试样。

复型制样方法是用对电子束透明的薄膜把材料表面或断口的形貌复制下来，其中使用较为普遍的方法是碳一级复型、塑料-碳二级复型和萃取复型。对已经充分暴露其组织结构和形貌的试样表面或断口，除在必要时进行清洁外，不需要做任何处理即可进行复型。当需要观察被基体包埋的第二相时，则需要选用适当的侵蚀剂和侵蚀条件侵蚀试样表面，使第二相粒子突出，形成浮雕，然后再进行复型。

碳一级复型是通过真空蒸发碳,在试样表面直接沉积形成连续碳膜,如图 3.15 所示。其具体方法是:在试样待观察表面垂直蒸镀一层厚 10～30 nm 的碳膜,用针尖将碳膜划成 2 mm 见方的小方块,然后慢慢浸入对试样有轻度腐蚀作用的溶液中,使碳膜逐渐与试样分离,漂浮于液面,碳膜经蒸馏水漂洗后用电镜铜网将其小心地捞于网上,晾干后即为碳一级复型样品。

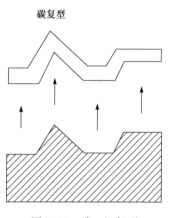

图 3.15　碳一级复型

塑料-碳二级复型是无机非金属材料形貌与断口观察中最常用的一种制样方法,如图 3.16 所示。具体过程为:在待观察试样表面滴上一滴丙酮或醋酸甲酯,在丙酮未完全挥发或被试样吸干之前贴上一块醋酸纤维素塑料膜(简称 AC 纸),膜和试样表面间不能留有气泡。待丙酮挥发后将 AC 纸揭下,面向试样的膜面已经复制下试样表面的形貌,此过程为第一级塑料复型。在塑料复型膜的复型面上垂直蒸镀一层 10～30 nm 的碳膜,此过程为第二级碳复型。为了增强衬度和立体感,可在碳复型形成前后以一定角度投影重

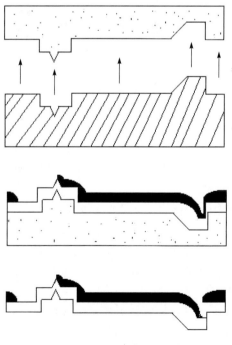

图 3.16　塑料-碳二级复型

金属。将经投影和蒸镀后的塑料膜剪成 2 mm 见方的小方块,在丙酮溶液中溶去塑料膜,碳膜漂浮于丙酮中。经漂洗后,利用丙酮调节水的表面张力使卷曲的碳膜展开并浮于液面,用电镜铜网将碳膜平整地捞于网上,晾干后即为塑料-碳二级复型样品。

萃取复型既可以复制试样表面的形貌,又能够把第二相离子黏附下来并基本上保持原来的分布状态,如图 3.17 所示。通过它不仅可观察基体的形貌,直接观察第二相的形态和分布状态,还可以通过电子衍射来确定其物相。因此,萃取复型兼有复型试样和薄膜试样的优点。其具体过程为:首先侵蚀试样,形成浮雕;然后蒸碳,形成碳膜并将凸出的第二相粒子包埋住;再在侵蚀液中使碳膜和凸出的第二相粒子与基体分离;最后清洁碳膜,捞在铜网上备用。

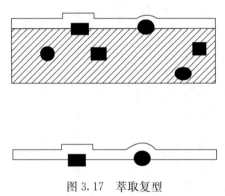

图 3.17　萃取复型

3) 透射电子显微镜的衬度原理

(1) 质厚衬度。质厚衬度也可以称为质量厚度衬度,是由于试样中各部分厚度和密度差别导致对入射电子的散射程度不同而形成的衬度,其适用于解释复型膜和非晶态薄膜。质厚衬度数值较大的,对电子的吸收散射作用强,使电子散射到光阑以外的要多,对应较暗的衬度;而质厚衬度数值较小的,对应较亮的衬度。

对于无定形或非晶体试样,电子图像的衬度是由于试样各部分的密度 ρ(或原子序数 Z)和厚度 t 不同形成的。在无定形或非晶体试样中,原子的排列是不规则的,电子像的强度可以独立地考虑个别原子对电子的散射并将结果相加。当强度为 I_0 的电子束垂直照射到试样上,将受到试样原子的散射。如果在试样下部放置一光阑,其孔径半角为 α,则散射角大于 α 的电子将被光阑挡住而不能参与成像,如图 3.18 所示。电子散射后散射角大于 α 的概率用原子散射截面 $\sigma(\alpha)$ 表示。

设单位体积试样内的原子数为 N,则单位体积试样的总散射截面为

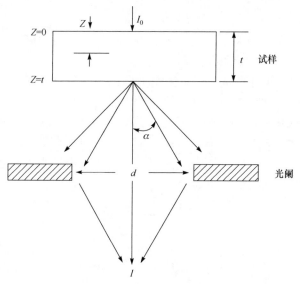

图 3.18　电子的散射

$$Q = N\sigma(\alpha) = N_0 \frac{\rho}{A}\sigma(\alpha) \tag{3.3}$$

式中，N_0 是阿伏伽德罗常量；ρ 是试样密度；A 是原子量。

若试样中某深度 Z 处的电子束强度为 $I(Z)$，则 $Z+\mathrm{d}Z$ 处电子束强度为 $I(Z)-\mathrm{d}I(Z)$，如图 3.19 所示。

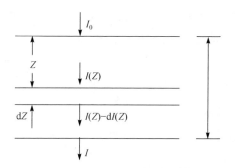

图 3.19　电子束在试样中的衰减

实验得出强度减小率为

$$-\frac{\mathrm{d}I(Z)}{I(Z)} = Q\mathrm{d}Z \tag{3.4}$$

上式积分后得

$$I = I_0 \mathrm{e}^{-Qt} \tag{3.5}$$

将式(3.3)代入上式得

$$I = I_0 e^{-N_0 \frac{\sigma(\alpha)}{A} \rho t} \tag{3.6}$$

式中，I_0 为入射电子束强度；I 为透射电子束(散射角小于 α)强度；$\sigma(\alpha)$ 为原子散射截面积；ρ 为试样密度；t 为试样厚度。

由此可见，电子束穿透试样后在入射方向的电子数，即散射角小于 α，能通过光阑参与成像的电子数，随 Qt 或 ρt 的增加而衰减。

现考虑试样中的 A、B 两区域，其厚度分别为 t_A、t_B，总散射截面为 Q_A、Q_B。当强度为 I_0 的入射电子通过 A、B 两区域后能通过光阑成像的电子强度分别为 I_A、I_B。则经电子光学系统投射到荧光屏或照相底片上的电子强度差 $\Delta I = I_B - I_A$ (假定 I_B 为背景强度)，则衬度 C 可表示为

$$C = \frac{I_B - I_A}{I_B} = 1 - \frac{I_A}{I_B} \tag{3.7}$$

因为

$$I_A = I_0 e^{-Q_A t_A}, \quad I_B = I_0 e^{-Q_B t_B} \tag{3.8}$$

所以有

$$C = 1 - e^{-(Q_A t_A - Q_B t_B)} \tag{3.9}$$

这说明不同区域的 Qt 值差别越大，复型的图像衬度越高。倘若复型是同种材料制成的，如图 3.20(a)所示，则 $Q_A = Q_B = Q$，$Q(t_A - t_B) \ll 1$ 时，上式可以简化为

$$C = 1 - e^{-(Q_A t_A - Q_B t_B)} = 1 - e^{-Q(t_A - t_B)} \approx Q(t_A - t_B) \tag{3.10}$$

这说明用来制备复型的材料总散射截面 Q 值越大或复型相邻区域厚度差别越大，图像衬度越高。

如果复型是由两种材料组成，如图 3.20(b)所示，假定凸起部分总散射截面为 Q_A，且 $Q_A(t_A - t_B) \ll 1$，此时复型图像衬度为

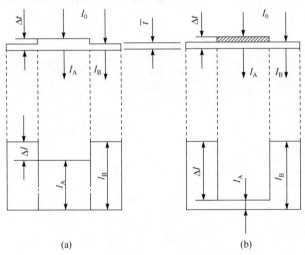

(a)　　　　　　　　　　　　(b)

图 3.20　质厚衬度原理

$$C = 1 - e^{-Q_A(t_A - t_B)} \approx Q_A(t_A - t_B) \qquad (3.11)$$

在实际的透射电子显微镜中，阻挡大角度散射电子的光阑置于物镜的后焦面上，称为物镜光阑，如图 3.21 所示。此时若一平行于轴的电子束照射在试样上，从试样上某个物点以角度 α 散射的电子分成两部分：一部分 $\alpha < \alpha_{物}$ 的电子能通过位于后焦面上的物镜光阑，然后聚焦在像平面上，形成像点；其余部分 $\alpha > \alpha_{物}$ 的电子被光阑挡住，因而不能参与成像。

若试样有以物点 A、B、C 代表的三个区域，如图 3.22 所示，且它们的总散射截面积 Q_A、Q_B、Q_C 的关系为 $Q_A < Q_B < Q_C$。以 C 点代表的区域散射的电子大部分为物镜光阑所挡住，不能参与成像，以 A 点代表的区域散射的电子都能通过物镜光阑参与成像，以 B 点代表的区域的情况则介于两者之间。所以，成像后像点 A' 点的亮度 $>$ B' 点的亮度 $>$ C' 点的亮度，因而形成了衬度。由于物镜光阑阻挡了散射角大的电子，改善了衬度，因此它又称为衬度光阑。在一定加速电压下，减小物镜光阑孔径（即减小 $\alpha_{物}$），则衬度增加；在一定物镜光阑孔径下，随着加速电压增加，衬度减小。

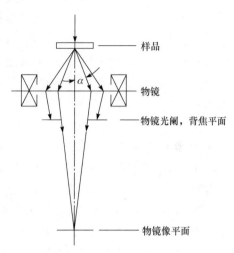

图 3.21 物镜光阑与散射角

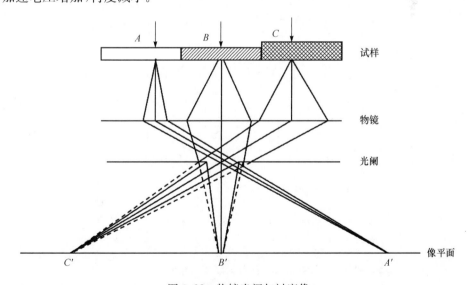

图 3.22 物镜光阑与衬度像

（2）衍射衬度。衍射衬度实际上是入射电子束和薄膜晶体样品之间相互作用后，反映样品内不同部位组织特征的成像电子束在像平面上存在强度差别。由于晶体的衍射强度与其内部缺陷和界面结构有关，用透射电子显微镜观测晶体内部缺陷及界面采用电子衍射。

衍射衬度像可以分为明场像和暗场像两种，利用单一透射束通过物镜光阑形成明场像，利用单一衍射束通过物镜光阑形成暗场像。如果采用双光束成像，忽略电子在试样中的吸收，明暗场像衬度是互补的。明场像和暗场像均为振幅衬度，即它们反映的是试样下表面处透射束或衍射束的振幅大小分布，而振幅的平方可以作为强度的量度，由此便获得了一幅通过振幅变化而形成的衍射衬度像。

现以单相多晶薄膜为例说明衍射衬度像的形成过程。按照图 3.23(a)中所示明场像的形成过程，假设薄膜中有晶粒 A 和 B，晶粒 A 和 B 之间唯有取向不同，当强度为 I_0 的入射电子束照射试样，若 B 晶粒的某 hkl 晶面严格满足布拉格条件，则入射电子束在 B 晶粒区域内经过散射之后，将分成强度为 I_{hkl} 的衍射束和强度为 I_0-I_{hkl} 的透射束两部分。又设 A 晶粒的各晶面均完全不满足布拉格条件，不能产生衍射，衍射束强度可视为零，于是透射束强度仍近似等于入射束强度 I_0。如果用处于背焦面上的物镜光阑把 B 晶粒的衍射束挡掉，只让透射束通过光阑孔进行成像，由于 $I_A \approx I_0$，$I_B \approx I_0-I_{hkl}$，则像平面上两个晶粒的亮度不同，于是形成衬度明场像。此时，A 晶粒形成的像较亮，而 B 晶粒形成的像较暗，所成的像为明

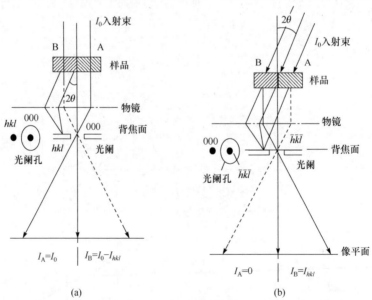

图 3.23　衍射衬度成像原理

(a) 明场像；(b) 暗场像

场像。按照图 3.23(b)薄膜衬度中心暗场像的形成过程,则可得晶粒的暗场像。把入射电子束方向倾斜 2θ 角度,使 B 晶粒的 $\overline{hkl}$ 晶面族处于强烈衍射的位向,而物镜光阑仍在光轴位置。此时只有 B 晶粒的 $\overline{hkl}$ 衍射束正好通过光阑孔,而透射束被挡掉,这叫做中心暗场成像方法。B 晶粒的像亮度为 $I_B \approx I_{hkl}$,而 A 晶粒由于在该方向的散射度极小,像亮度几乎近于零,图像的衬度特征恰好与明场像相反,B 晶粒较亮而 A 晶粒很暗。在衍衬成像方法中,某一最符合布拉格条件的晶面强衍射束起着十分关键的作用,因为它直接决定了图像的衬度。

(3) 相位衬度。相位衬度是指在电子束穿过非常薄的试样时,由于微观粒子的波粒二象性,在试样中原子核和核外电子所产生的库仑场的作用下,电子束中的电子波的相位会有起伏,此相位变化所引起的像衬度。如果所用试样的厚度小于100 nm,甚至小于 30 nm,并让多束衍射光穿过物镜光阑彼此相干成像,像的分辨细节取决于入射波被试样散射引起的相位变化和物镜球差、散焦引起的附加相位差的选择。相位衬度可以直接显示试样原子及其排列状态。

入射电子束照射到极薄试样上后,入射电子受到试样原子散射,分成透射波和散射波两部分,它们之间相位差为 $\pi/2$,如图 3.24(a)所示。由于试样极薄,散射波振幅、电子受到散射后的能量损失(1~20 eV)和散射角(10^{-4} rad)均很小,散射电子差不多都能通过光阑相干成像。如果物镜没有像差,且处于正交状态,透射波与

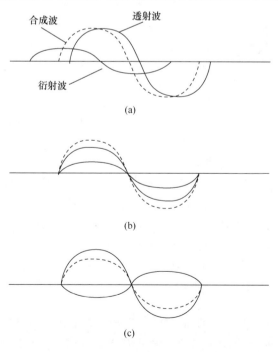

图 3.24　相位衬度形成行波图

散射波相干所产生的合成波如图 3.24(a)所示。合成波振幅与透射波振幅相同或相接近,只是相位稍许不同。由于两者振幅接近,强度差很小,所以不能形成像衬度。如果能设法引入附加的相位差,使散射波的相位改变 $\pi/2$,那么透射波与合成波的振幅就有较大差别,如图 3.24(b)和(c)所示,从而产生衬度,这种衬度称为相位衬度。

引入附加相位差的最常用方法是利用物镜的球差和散焦。在加速电压、物镜光阑和球差一定时,适当选择散焦量使这两种效应引起的附加相位变化是 $(2n-1)\pi/2$,$n=0,1,2,\cdots$,就可以使相位差变成强度差,从而使相位衬度得以显示出来,高分辨率像就是利用相位衬度成像。

3.2.2　相结构分析技术

1. X 射线衍射

X 射线衍射是分析薄膜晶体结构最常用的方法,通过 X 射线衍射法,可以确定物质的相结构、晶格常数、晶粒尺寸、残余应力等结构信息。X 射线衍射的基础理论是布拉格方程,此方程反映了衍射线与晶体结构的关系,衍射线的分布规律由晶胞的大小、形状和位向决定,而衍射线的强度则取决于原子在晶胞中的位置。通过对衍射花样的衍射线分布和强度的分析,并与标准 PDF 卡片比对,从而确定物质的结构信息。

1) X 射线的性质

X 射线是由德国物理学家伦琴在 1895 年研究阴极射线时发现的。由于当时人们对它的本质还不了解,故称为 X 射线。后来,为了纪念伦琴的伟大发现,也把 X 射线称为伦琴射线。

对 X 射线本质的认识是在 X 射线衍射现象被发现之后。1912 年德国物理学家劳厄等在总结前人工作的基础上,利用晶体做衍射光栅成功地观察到了 X 射线的衍射现象,从而证实了 X 射线的本质是一种电磁波。它的波长很短,大约与晶体内呈周期排列的原子间距为同一数量级,在 10^{-8} cm 左右。对 X 射线本质的认识为研究晶体的精细结构提供了新方法,如可以利用 X 射线在结构已知的晶体中的衍射现象对晶体结构以及晶体结构有关的各种问题进行研究。在劳厄实验的基础上,英国物理学家布拉格父子首次利用 X 射线衍射方法测定了 NaCl 的晶体结构,从而开始了 X 射线晶体结构分析的历史。

X 射线是电磁波的一种,在电磁波谱中,其波长范围在 $0.01\sim100$ Å。用于 X 射线晶体结构分析的波长一般为 $0.5\sim2.5$ Å。在高真空中,凡高速运动的带电粒子轰击障碍物,均能产生 X 射线。常用的产生 X 射线的装置为 X 射线管,其中一类封闭电子式 X 射线管的结构如图 3.25 所示。电子式 X 射线管实际上是一个真空二极管,阴极发射电子,阳极是阻碍电子运动的金属靶。阴极通电加热后放出电子,在强电场的作用下高速轰击阳极靶而产生 X 射线。

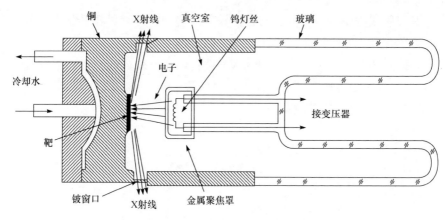

图 3.25　封闭电子式 X 射线管结构示意图

除上述常用 X 射线管之外,还有一些具备较强功能的 X 射线光。旋转阳极 X 射线管利用阳极的旋转使电子束轰击部位不断改变,从而获得较普通 X 射线管大数十倍的功率。细聚焦 X 射线管采用一套静电透镜或电磁透镜使电子束高度聚焦,提高比功率,缩短曝光时间。闪光 X 射线管利用高压大电流瞬时放电,以获得瞬时强功率的 X 射线,可以进行瞬时衍射分析。

X 射线管可以产生两种不同波谱的 X 射线,一类是连续 X 射线谱,另一类是标识 X 射线谱。连续 X 射线谱由波长连续变化的 X 射线构成,它和白光类似,是多种波长的光的混合体。如图 3.26 所示,其为钼靶 X 射线管中发出的 X 射线,此时电流恒定,逐渐增大电压,测定 X 射线的波长和相对强度。

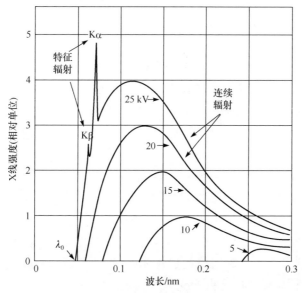

图 3.26　钼靶的连续 X 射线谱

标识 X 射线则是由一定波长的若干 X 射线叠加在连续 X 射线谱上构成,其与单色可见光类似。每种元素只能发出一定波长的单色 X 射线,它是元素的标识,故也称为特征 X 射线。如图 3.27 所示,维持管电流一定而改变电压,当电压低于 20 kV 时,得到的是连续谱;当高于 20 kV 时,除连续谱外,位于一定波长处另有少数强谱线产生,其为特征 X 射线。

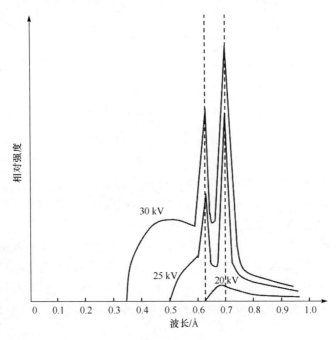

图 3.27　钼靶的标识 X 射线谱

特征 X 射线谱的频率(或波长)与阳极靶物质的原子结构有关,而与其他外界元素无关,是物质的固有特性。1913～1914 年,莫色莱发现物质发出的特征谱波长与它本身的原子序数存在以下关系:

$$\sqrt{\frac{1}{\lambda}} = K(Z-\sigma) \tag{3.12}$$

式中,λ 为波长;Z 为靶材原子序数;K 为与主量子数、电子质量和电子电荷有关的常数;σ 为屏蔽常数,随谱线的系列和线号而异。该式称为莫色莱定律,是进行 X 射线光谱分析的基本依据。

X 射线与物质的相互作用是一个比较复杂的物理过程,伴随着多种现象的发生,如图 3.28 所示。一束 X 射线通过物体后,由于散射和吸收等效应的存在,其强度将发生衰减,并且吸收是造成强度衰减的主要原因。

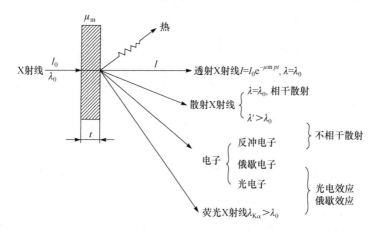

图 3.28　X 射线与物质的相互作用

当 X 射线通过物质时,物质原子内的紧束缚电子在电磁场的作用下将产生受迫振动,其振动频率与入射 X 射线的频率相同。任何带电粒子做受迫振动时将产生交变电磁场,从而向四周辐射电磁波,其频率与入射 X 射线的振动频率相同。如果散射物质内的原子或分子排列具有周期性,由于散射线与入射线的波长和频率一致,位相固定,在相同方向上各散射波符合相干条件,故称为相干散射。相干散射是 X 射线在晶体中产生衍射现象的基础。

2）布拉格（Bragg）定律

布拉格在推导衍射几何条件时,利用了"光学镜面反射"的条件,即当一束 X 射线照射到晶体的某一个晶面上,其发生镜面反射,入射线、散射线与晶面法线共面,且在法线两侧,散射线与晶面的夹角等于入射线与晶面的夹角,都为 θ。

设晶体中有一晶面指数为 (hkl) 的晶面族,晶面间距为 d_{hkl},如图 3.29 所示。X 射线有强的穿透能力,在 X 射线作用下晶体的散射线来自若干个晶面。当入射 X 射线 PA 和 QA' 分别入射到相邻的两个晶面上,它们的"反射"线分别为 AP' 和 $A'Q'$,其光程差为

$$\delta = QA'Q' - PAP' = SA' + A'T \qquad (3.13)$$

因为 $SA' = A'T = d\sin\theta$,所以

$$\delta = 2d\sin\theta \qquad (3.14)$$

只有当此光程差为波长 λ 的整数倍时,相邻晶面的"反射"波才能干涉加强形成衍射,所以产生衍射的条件是

$$2d\sin\theta = n\lambda \qquad (3.15)$$

式中,n 为整数;d 为晶面间距;θ 为 X 射线的入射角。此公式即为布拉格方程,它是 X 射线晶体学中的最基本的方程。

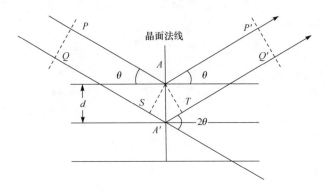

图 3.29　布拉格定律示意图

　　布拉格方程描述了产生衍射极大的条件,说明当波长为 λ 的 X 射线入射到晶面间距为 d 的晶体上时,只有在 X 射线与晶面夹角 θ 满足

$$\sin\theta = \frac{n\lambda}{2d} \tag{3.16}$$

的条件时才能发生衍射,衍射线方向与入射线方向的夹角为 2θ,此内容即为布拉格定律。2θ 角称为衍射角,θ 角称为半衍射角或布拉格角。

　　3) X 射线衍射仪

　　X 射线的衍射分析方法很多,按研究对象可分为单晶法和多晶法,按记录 X 射线的方式不同,又可分为照相法和衍射仪法两类,在此介绍最常用的多晶法中的粉末衍射仪法。

　　X 射线衍射仪主要由 X 射线发生器、测角仪、探测器和自动记录显示系统等四部分组成。X 射线发生器的作用是产生 X 射线,为衍射分析提供强度稳定的 X 射线。而测角仪是衍射仪的核心部件,是一个精密的圆盘状机械装置,其作用是支撑试样,通过光路狭缝系统连接探测器,使试样与探测器相关转动。测角仪的光路系统如图 3.30 所示,X 射线经线状焦点 S 发出,为了限制 X 射线的发散,在照射

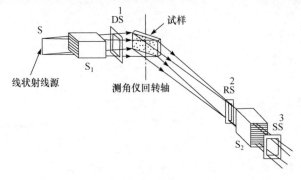

图 3.30　测角仪的光路系统

路径中加入 S_1 梭拉光栏限制 X 射线在高度方向的发散,加入 DS 发散狭缝光栏限制 X 射线的照射宽度。试样产生的衍射线也会发散,同样在试样到探测器的光路中也设置防散射光栏 RS、梭拉光栏 S_2 和接收狭缝光栏 SS,这样限制后仅让聚焦照向探测器的衍射线进入探测器,其余杂散射线均被光栏遮挡。

　　图 3.31 为测角仪的结构示意图。外面的大圆称为衍射仪圆,样品放置在衍射仪圆中心的样品台上,并保证试样被照射的表面与轴线 O 严格重合。计数器可沿以 O 为中心的衍射仪圆转动,其角度可从边缘的刻度尺读出,样品也可以轴线 O 为中心转动,其角位置由试样台的刻度给出。试样台和探测器支架既可以单独转动,又可以联合转动。联合转动时,两者的角速度比为 1：2,即试样转动 θ,探测器转动 2θ,这种 θ-2θ 联动方式,可保证探测器始终处于衍射线方向。

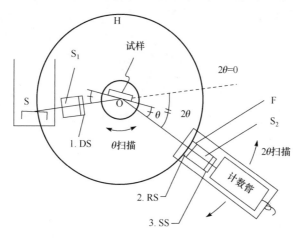

图 3.31　测角仪的结构示意图

　　当平板样品绕其表面中心轴匀速转动时,入射束方向一定,衍射束随 θ 角从小到大连续扫描。θ 角连续改变,但是衍射束并非在任何位置都能发生,且晶面间距 d 大的晶面在低角区发生衍射,d 小的出现在高角区,这可以从布拉格定律定出此结论。

　　探测器的作用是探测 X 射线并将接收到的光信号转变为电信号,而记录显示系统则将探测器测得的 X 射线衍射强度和测角仪测得的衍射角度记录下来,形成 X 射线衍射图。

　　4）物相定性分析

　　X 射线物相分析就是通过 X 射线衍射花样来鉴定材料中的结晶相,其以 X 射线衍射效应为依据。任何一种晶体物质,都具有特定的结构参数,如晶体结构类型、晶格常数等,在给定波长的 X 射线照射的情况下,其呈现出该物质特有的衍射花样,即衍射线条的位置和强度,也就是说,衍射花样是晶体物质的特有标志。根据衍射花样和晶体物质这种独有的对应关系,便可将待测物质的衍射数据与各种已知物质的衍射数据进行对比,借以对物相作定性分析。

X 射线物相定性分析的方法一般不是直接利用衍射的绝对强度 I 和衍射角 2θ 来进行的,而是利用衍射数据计算得出衍射线的相对强度 I/I_1、晶面间距 d,再与标准衍射数据进行比对,得出物相类型及性质。这是因为衍射线的绝对强度与实验条件有关,为了消除实验条件的影响,必须将衍射线的绝对强度转化为相对强度。同样,衍射角不仅与晶面间距有关,还与 X 射线的波长有关,为了显出波长的影响,必须利用布拉格公式计算出衍射面的晶面间距 d。

标准衍射数据就是对已知晶体进行 X 射线衍射分析所测定的衍射线的相对强度和衍射面的晶面间距,并用这些数据制成的衍射卡片,通常称为“粉末衍射卡组”(the Powder Diffraction File),又称为 PDF 卡片,这是由粉末衍射标准联合委员会(the Joint Committee on Powder Diffraction Standards,JCPDS)的国际机构收集整理制定的。图 3.32 是本书的研究内容之一——多铁性材料 $BiFeO_3$ 的 PDF 卡片实例图。

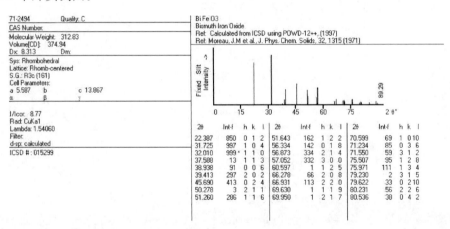

图 3.32　PDF 卡片实例图:$BiFeO_3$

X 射线衍射仪直接测得的衍射花样结果如图 3.33 所示的实例图,其横坐标是衍射角 2θ,纵坐标是衍射线的绝对强度,需要对其进行计算加工才能与 PDF 标准卡片进行比对。可用衍射线的峰高比(最强线的峰高比为 100)代表相对强度 I/I_1,衍射角 2θ 可根据衍射线的峰顶位置来确定,然后按布拉格方程求出 d 值。在物相分析的过程中,低角度区衍射数据比高角度区衍射数据重要。这是因为低角度区的衍射线对应 d 值较大的晶面族,不同晶体的 d 值差别较大,衍射线相互重叠的机会较少,不易相互干扰。高角度区的衍射线对应于 d 值较小的晶面族,不同晶体的 d 值相近的机会较多,衍射线容易重叠而相互混淆。

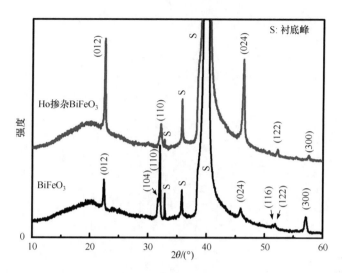

图 3.33 X 射线衍射实例图：$BiFeO_3$ 和 Ho 掺杂 $BiFeO_3$

2. 拉曼光谱

1) 拉曼光谱原理

德国物理学家 Asmekal 在 1923 年预言了拉曼效应的存在。1928 年，印度物理学家拉曼(C. V. Raman)将自然光聚光后照射到无色透明的液体苯中，通过不同的滤光片观察光的变化情况，发现了与入射光频率不同的散射光，此工作使他在 1930 年获得了诺贝尔物理学奖。为了纪念这一发现，人们将出现与入射光不同频率的散射光这一现象称为拉曼散射，其频率位移称为拉曼位移，此位移与发生散射的分子振动频率相等，通过拉曼散射的测定可以得到分子的振动光谱。起初，由于拉曼效应，散射光能量约为入射光的 10^{-6}，并没有获得人们的重视与利用，直到 20 世纪 60 年代激光器的问世，才使拉曼光谱有了迅速的发展。

当一束光的光子与作为散射中心的分子发生相互作用时，如果光的频率未发生改变，仅仅改变了方向，此现象称为瑞利散射；若光频率与方向都发生变化，此现象称为拉曼散射。其中大部分光子发生的是瑞利散射，发生拉曼散射的散射光的强度约占总散射光强度的 $10^{-10} \sim 10^{-6}$。拉曼散射产生的原因是光子与分子之间发生了能量交换，光子能量发生改变。

在量子理论中，把拉曼散射看作是光量子与分子相碰撞时产生的非弹性碰撞过程，伴随有能量的交换，拉曼散射的原理如图 3.34 所示。

当激发光与样品分子相互作用时，样品分子被激发至能量较高的虚态，但是激发光的能量并不足以使之发生能级跃迁。图 3.34 中，左边两条线代表分子与光子作用后的能量变化，粗线代表出现的概率大，因为大多数分子都处于基态的最低振

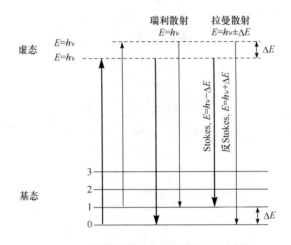

图 3.34　拉曼散射和瑞利散射原理示意图

动能级。中间两条线代表瑞利散射,分子能级被激发之后又回到初始状态,光子与分子之间发生弹性碰撞,未发生能量的交换作用。右边两条线代表拉曼散射,分子能级被激发之后未回到初始状态,光子与分子之间发生了能量交换。若光子将一部分能量传递给样品分子,从而使样品分子处于激发态,光子以较小的频率散射,则称为斯托克斯线;若光子从样品分子处获得一部分能量,分子由初始的激发态回到基态,则光子以较大的频率散射出去,称为反斯托克斯线,两者统称为拉曼谱线。它们与入射光频率之差称为拉曼位移,拉曼位移的大小和分子的跃迁能级差一致,与入射光的波长无关。因此,对于同一分子能级,斯托克斯线和反斯托克斯线的拉曼位移相等,且跃迁概率也相等。但由于一般情况下,分子绝大多数处于基态的最低振动能级,所以斯托克斯线的强度远远大于反斯托克斯线。

　　外加交变电磁场作用于分子内的原子核和核外电子,使带正电的原子核和带负电的电子云发生相对位移,使得正负电荷中心不重合,因而产生诱导偶极矩。此过程可类比于分子在入射光的电场作用下发生的正负电荷相对位移的情况,也能产生诱导偶极矩。极化率是分子在外加交变电磁场作用下产生诱导偶极矩大小的一种度量,极化率高,表明分子电荷分布容易发生变化。如果分子的振动过程中分子极化率也发生变化,则分子能对电磁波产生拉曼散射,称分子有拉曼活性。

2）拉曼光谱仪结构

由于拉曼散射光在可见光区，因而对仪器所用的光学元件及材料的要求较简单，激光拉曼光谱仪一般由激光光源、样品池、干涉仪、滤光片、检测器等组成，如图 3.35 所示。

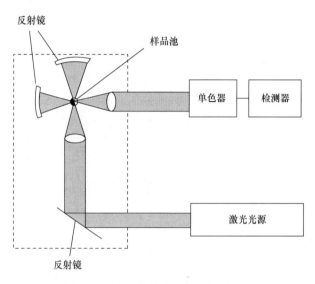

图 3.35　激光拉曼光谱仪结构示意图

由于拉曼散射光较弱，故需要很强的单色光来激发样品。激光具有单色性好、方向性强、功率密度高等特点，因而成为了拉曼光谱仪的理想光源，特别是近年来高质量的双、三单色仪以及高灵敏度探测器的问世，使得激光拉曼光谱仪获得了长足的发展。由于拉曼光谱检测的是可见光，常用 Ga-As 光阴极光电倍增管作为检测器。在测定拉曼光谱时，将激光束射入样品池，在与激光束成 90°处观察散射光。因此，单色器、检测器都安装在与激光束垂直的光路中。拉曼光谱仪一般采用全息光栅的双单色器，其分辨率较高，能在较强的瑞利散射线存在的情况下观测有较小位移的拉曼散射线。

3）拉曼光谱的应用

拉曼光谱图的纵坐标是峰位强度，其中峰位反映了样品分子的电子能级基态的激发状态，是用入射光与散射光的波数差，也即拉曼位移来表示的，单位为 cm^{-1}，而峰的强度则与探测器测得的散射光的强度成正比。

拉曼光谱图的横坐标为拉曼位移，而不同的分子振动、不同的晶体结构具有不同的特征拉曼位移，也就是说，在拉曼光谱上表现出同种样品的拉曼峰位总是固定不变的，因而测量拉曼位移可对物质结构作定性分析。例如，同由碳原子组成的金刚石和石墨有不同的拉曼谱峰，如图 3.36 所示。其中，金刚石的拉曼峰位在

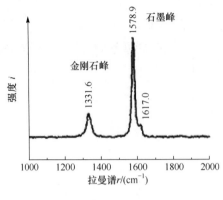

图 3.36　PDC 金刚石层激光
切割表面拉曼光谱

$1331.6 \ cm^{-1}$，而石墨的拉曼峰位在 $1578.9 \ cm^{-1}$，说明不同的晶体结构导致了不同的拉曼光谱。

拉曼光谱能提供快速、简单、可重复无损伤的定性定量分析。它无需样品的复杂准备过程，任何形状、尺寸、透明度的样品，均可直接通过光纤探头或者通过玻璃、石英进行测试，并且可直接测试气体、液体和固体样品。由于激光束的准直性，故极微量的样品也可以进行拉曼光谱测试。拉曼光谱一次可以同时覆盖 $50\sim4000 \ cm^{-1}$ 范围区间的波数，可对有机物及无机物进行分析，谱峰清晰尖锐，更适合作定性、定量研究。

3.2.3　成分分析技术

1. X 射线光电子能谱

X 射线光电子能谱法（电子能谱化学分析法）是由西格巴赫（Siegbahn）等在 20 世纪 50 年代提出并用于物质表面化学成分分析的技术。西格巴赫本人由于对光电子能谱技术及相关理论的杰出贡献，在 1981 年获得了诺贝尔奖。X 射线光电子能谱属于电子能谱分析法中的一种，是一种固体表面分析方法。表面分析法的基本原理是由一次束（包括 X 射线、电子束等）向固体表面入射，从而产生二次束（包括电子束、离子束、X 射线等），分析带有样品信息的二次束，从而实现对样品表面的分析，测定原子的价态、电子结构、原子能级以及分子结构。

1）X 射线光电子能谱的基本原理

物质在入射光的作用下会放出光电子的现象称为光电效应。当具有一定能量 $h\nu$ 的入射光子与样品中的原子相互作用时，光子将能量传递给原子中某壳层上的一个电子，若光子能量大于电子结合能，则电子会被激发成为光电子摆脱原子核的束缚。其过程如图 3.37 所示。由于不同能级上的电子具有不同的结合能，因而使固体发生光电效应的光子能量是不同的。

原子中各能级上的电子在与光子相互作用过程中，发生跃迁而形成光电子的概率不同，通常用光电效应截面 σ

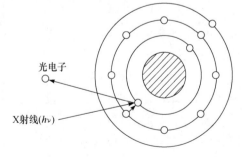

图 3.37　光电效应过程

来表示一定能级上电子发生光电效应的概率,其与电子所在壳层半径、入射光子频率以及原子序数等因素有关。散射截面越大,光电效应越强,得到的 X 射线光电子能谱上的峰值就越强,通常利用的都是某元素光电效应散射截面最大的能级上的电子所产生的峰强。

光电子的发射通常经历电子受光子激发、向表面移动、克服表面势场逸出三个过程,在整个过程中,由于 X 射线的入射深度要大于光电子的逸出深度,因而有部分受激发的电子最终被固体吸收而未能逸出表面,只有那些处在小于电子逸出深度固体表面处的电子才能最终逸出表面成为光电子。

X 射线中的光子与电子作用后,其能量 $h\nu$ 一部分克服了原子结合能 E_b 以及仪器的功函数 W,一部分转化成光电子的动能 E_k 以及激发态原子能量变化 E_r,一般情况下 E_r 较小,通常忽略不计。于是得到下式:

$$E_b = h\nu - E_k - W \tag{3.17}$$

电子结合能 E_b 一般可以理解为一个束缚电子从所在能级跃迁到不受原子核束缚并处于最低能态时所需克服的能量。但是对于固体样品,计算结合能的参照点并不是选用真空中的静止电子,而是选费米能级作为参照点,因此固体样品中的结合能是指电子从所在能级跃迁到费米能级所需要的能量。对一台仪器而言,其功函数 W 是不变的,而 $h\nu$ 的值是所选用的 X 射线的能量,也是已知的。只要测出光电子的动能,就能计算得到原子不同壳层的结合能 E_b。

X 射线光电子能谱中表征样品芯电子结合能的一系列光电子谱峰称为元素的特征峰,其中芯电子是指处于原子内层,不主要参与成键的电子,其主要作用是屏蔽带正电的原子核,因而芯电子的结合能可以作为元素的固有特征来表征元素的种类。在成键过程中,因与原子相结合的元素种类和数量不同,以及原子所表现出的价态的不同,使得芯电子结合能发生变化,则 X 射线光电子能谱峰位发生移动,称为谱峰的化学位移。如图 3.38 所示,(a)是清洁表面金属态的 Ni,其 $2p_{3/2}$ 电子

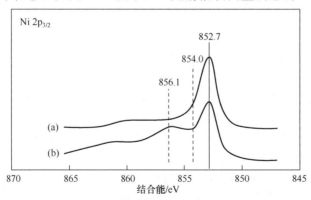

图 3.38　Ni $2p_{3/2}$ 电子的 X 射线光电子能谱

(a) 金属态的 Ni;(b) 氧化态的 Ni^{3+}

结合能为 852.7 eV,(b)是在氧气条件下氧化 1 小时后的 Ni^{3+} 和 Ni,可以看出 Ni^{3+} 的 $2p_{3/2}$ 电子结合能为 856.1 eV,即化学位移为 3.4 eV。

在 X 射线光电子能谱中,还会出现谱峰分裂现象,按原因可分为多重态分裂和自旋-轨道分裂。

多重态分裂是指元素价电子壳层有未成对电子存在,内层芯能级电子在光子作用下电离后会出现未成对电子,这两种未成对电子之间会发生耦合作用,从而造成能级分裂,进而导致光电子谱峰分裂。如图 3.39 所示为 Fe^{3+} 在光致电离之后,3s 层电子出现的两种不同状态,从而出现了能级分裂。

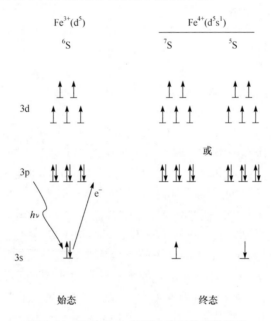

图 3.39　Fe^{3+} 的 3s 轨道电离时的两种终态

自旋-轨道分裂是指一个处于基态的闭壳层原子光电离后出现一个未成对电子,只要该未成对电子的角量子数 $l>0$,则必然会产生自旋-轨道耦合作用,使能级发生分裂,对应于内量子数 $j=l+1/2$ 或者 $j=l-1/2$,表现在光电子能谱上产生双峰。其双峰分裂间距直接取决于电子的穿透能力,一般电子的穿透能力是 s 大于 p 大于 d 轨道,因此,p 轨道的分裂间距大于 d 轨道的分裂间距。如图 3.40 所示是金属 Ag 的全扫描图,除 s 轨道能级外,其 p、d 轨道均出现双峰结构。

2) X 射线光电子能谱仪的结构

X 射线光电子能谱仪通常由 X 射线枪、离子枪、样品室、光电子能量分析器、检测器、真空系统等组成,其结构组成如图 3.41 所示。

由于 Mg 靶和 Al 靶所产生的激光的能量和线宽都较为理想,所以通常选用

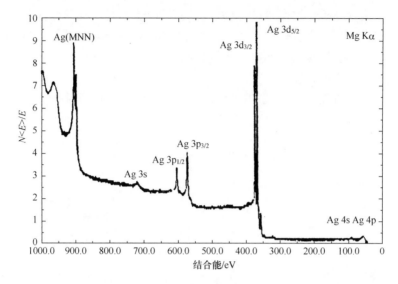

图 3.40　Ag 的 X 射线光电子能谱

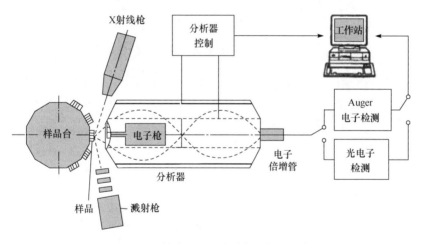

图 3.41　X 射线光电子能谱仪的结构示意图

Mg/Al 双阳极 X 射线源为激发源。在获取 X 射线时虽然用的靶都为纯金属,但是得到的波长并非单一波长,在激光过程中总会出现能量分散,在谱中出现伴峰。因而常采用球面弯曲的石英晶体制成单色器,能够使来自 X 射线源的光线产生衍射和"聚焦",从而去掉伴线和韧致辐射,并降低能量宽度,提高谱仪的分辨率。

　　光电子能量分析器的作用是探测样品发射出来的不同能量电子的相对强度,把不同能量的电子分开,使其按能量大小的顺序排列成能谱。为了提高分辨率,光电子在进入能量分析器之前要进行减速,以降低电子能量。通常采用静电型能量分析器,其分辨率高,主要分为半球形分析器和镜筒分析器,其共同特点是通过控制电位来控制到达检测器的光电子能量,从而实现连续改变电位就可以对不同能量的光电子的全谱扫描。

在半球形分析器中,光电子进入分析器的入口后,在两个同心球面上加控制电压后使其偏转,在出口处的检测器上聚焦,如图 3.42 所示。

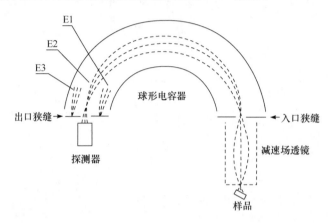

图 3.42　半球形电子能量分析器示意图

镜筒式分析器由两个同轴圆筒组成,外筒加上负电压,样品和探测器沿着两个圆筒的公共轴线放置,沿着空心内筒的圆周上开有入口狭缝和出口狭缝,这些狭缝的平面互相平行并垂直于圆筒的公共轴,扫描加于外筒上的电压得到谱线,如图 3.43 所示。

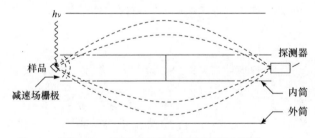

图 3.43　镜筒式电子能量分析器示意图

3) X 射线光电子能谱的应用

尽管 X 射线可穿透样品很深,但只有样品近表面处薄层发射出的光电子可逃逸出来,电子的逃逸深度和非弹性散射自由程为同一数量级,范围从致密材料如金属及其氧化物的 0.5～2.5 nm 到有机物和聚合材料的 4～10 nm,因而这一技术对固体材料表面存在的元素极为灵敏。再加上非结构破坏性测试能力和可获得化学信息的能力,使得 X 射线光电子能谱成为薄膜样品表面分析的极有力工具。X 射线光电子能谱能提供材料表面丰富的物理、化学信息,是一种无损的微量分析方法,其主要分析手段分为定性分析和定量分析。

定性分析是指利用 X 射线光电子能谱确定样品表面处存在的元素种类及其化学状态,主要手段是以实测谱图与标准谱图进行对照,根据元素特征峰位置及其在化合物中的化学位移来对元素的化学状态作出判断。利用 X 射线光电子能谱,可对除氢、氦元素之外的所有元素进行定性分析,这是因为氢、氦元素没有所谓的内层电子。对于一个化学成分未知的样品,首先应作全谱扫描,能量扫描范围一般取 0～1200 eV,因为几乎所有元素的最强峰都在这一范围之内,以初步判定表面的化学成分。通过对样品的全谱扫描,可确定样品中存在的全部或大部分元素。由于各种元素都有其特征的电子结合能,因此在能谱中有它们各自对应的特征谱线,即使是周期表中相邻的元素,它们的同种能级的电子结合能相差也还是相当远的,所以可根据这些谱线在能谱图中的位置来鉴定元素种类。然后在对所选择的谱峰进行窄区域高分辨细扫描,目的是为了获取更加精确的信息,如结合能的准确位置、鉴定元素的化学状态等。

图 3.44 是高纯 Al 基片上沉积的 Ti(CN)$_x$ 薄膜的 X 射线光电子能谱,由图可见,在薄膜表面主要有 Ti、N、C、O 和 Al 元素存在,Ti、N 的信号较弱,而 O 的信号很强。这一结果表明形成的薄膜主要是氧化物,氧的存在会影响 Ti(CN)$_x$ 薄膜的形成。

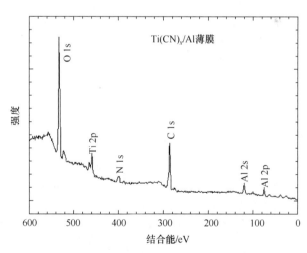

图 3.44　高纯 Al 基片上沉积的 Ti(CN)$_x$ 薄膜的 XPS 谱图,激发源为 Mg Kα

如前面所述,一定元素的芯电子结合能会随原子的化学状态发生变化,即化学位移,因而化学位移的信息是元素状态分析与相关的结构分析的主要依据。除惰性气体元素与少数位移较小的元素外,大部分元素的单质态、氧化态与还原态之间都有明显的化学位移,如 TiC、石墨、CO_2 中的 C 1s 的电子结合能分别为 297.5 eV、281.7 eV、284.3 eV,因而 X 射线光电子能谱常被用来作化学状态的测定。

在 X 射线光电子能谱的表面分析研究中,不但可以定性地确定试样的元素种类及其化学状态,而且能够测得它们的含量,而定量分析的关键是要把所观测到的信号强度转变成元素的含量,即将谱峰面积转变成相应元素的含量。目前定量分析多采用元素灵敏度因子法,该方法利用特定元素谱线强度作参考标准,测得其他元素相对谱线强度,求得各元素的相对含量。元素灵敏度因子法是一种半经验性的相对定量方法。

对某一固体试样中两个元素 i 和 j,如已知它们的灵敏度因子 S_i 和 S_j 并测出各自特定谱线强度 I_i 和 I_j,则它们的原子浓度之比为

$$\frac{n_i}{n_j} = \frac{I_i/S_i}{I_j/S_j} \tag{3.18}$$

根据上式,即可计算得到样品的各元素组成所占的比例。

3.3　性能检测技术

多铁性纳米结构薄膜能够表现出不同于传统块体材料的优良的铁电性、铁磁性、磁致伸缩性质以及磁电效应等,因而表征电学、磁学的各方面性质对了解多铁性纳米结构薄膜有着重要的意义,对于进一步提高其性质,并使之具备实用价值给予一定的指引作用。由于维度限制,使薄膜材料与块体材料的磁学、电学等性质有很大不同,对于多铁性纳米结构薄膜材料的研究,逐渐向着介观结构、纳米尺度、原子层次等方向逐渐深入。在本节中,着重介绍了表征铁电性、铁磁性、磁致伸缩效应以及磁电效应的技术手段,对其原理及数据处理方法做了说明。

3.3.1　铁电性表征

电滞回线是多铁性材料的基本特性之一,往往根据电滞回线的有无来判断材料是否具有铁电性、反铁电性或顺电性。通过电滞回线的测量,还可得到多铁性材料的剩余极化强度、饱和极化强度、矫顽场等重要参数。电滞回线的观测通常采用 Sawyer 和 Tower 设计的电路,如图 3.45 所示[1]。

图中,加在被观测材料组成的电容器 C_z 上的电压 V_2 等于示波器电极 1 和电极 2 之间的电压。采用另一比 C_z 大得多的标准电容 C_0 与 C_z 串联,则低频交流电压基本全部加在被观测材料上,即 $V_2 \approx V_\infty$。由于 C_0 与 C_z 串联,故流过两电容的电流相等,因而 C_z 上的电荷变化与 C_0 上的电荷变化相等。于是可知加在示波器电极 3 和电极 4 上的电压正比于待测晶体的极化强度 P,电极 1 和电极 2 上的电

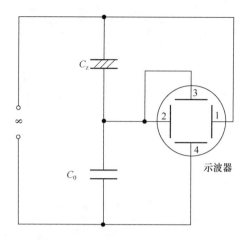

图 3.45   电滞回线测试电路原理图

压正比于加在待测晶体上的电场强度 E。如果晶体为顺电性,则测试结果为一条直线,若为铁电体,测试结果为电滞回线形式。

利用电滞回线测试系统,还可以确定材料的居里温度,这是需要外加变温装置的铁电测试系统来实现。当材料升高到居里温度时,其铁电性消失,转变为顺电性,此时得到的电滞回线为一条直线,利用此原理可以判断材料的居里温度。

3.3.2 铁磁性表征

1. 振动样品磁强计

振动样品磁强计是灵敏度高、应用很广的一种磁性测量仪器,属于感应法磁性测量设备,它利用电磁铁提供一均匀恒磁场中,使样品在其中振动,根据检测线圈中测得的感应电动势来测量材料磁性参数。利用该设备可以测出矫顽场 H_c、饱和磁化强度 M_s 和剩余磁化强度 M_r,也可以通过变温测量确定居里温度 T_c。图 3.46 给出了振动样品磁强计的结构示意图。

振动样品磁强计的原理就是将一个小尺寸的被磁化的样品视为磁偶极子,并使其在原点附近作等幅振动,则检测线圈中将产生感应电动势,利用电子放大系统,将此感应电动势进行放大检测,最后得到感应电动势和样品的磁化强度成正比。尽管原理上的确可以实现对样品磁矩的绝对测量,然而实际上,由于线圈形状、样品到线圈的距离等参数都不易准确确定,其计算结果的准确性也不高。因此,实际应用中常采用已知磁化强度的样品(如镍球)定标的方法,或者直接采用相对的方法对试样进行测量。如果用已知饱和磁化强度为 M_c、体积为 V_c 的标准样品取代被测试样进行测量,参考线圈中的感应电动势为 U_c,用比较法就可以测得被测试样的磁化强度。设被测样品的感应电动势为 U_s、体积为 V_s、磁化强度为

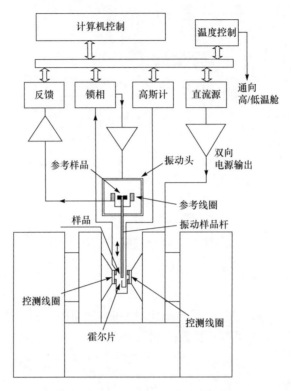

图 3.46　振动样品磁强计的结构示意图

M_s，则被测样品与标准样品有如下关系：

$$\frac{M_s}{M_c} = \frac{U_s}{U_c} \cdot \frac{V_c}{V_s}$$ (3.19)

　　振动样品磁强计适用于块状、粉末、薄片、单晶和液体等多种形状和形态的材料，能够在不同的环境下得到被测材料的多种磁特性，可以直接从测试中得到的内容包括 $B\text{-}H$ 曲线、$M\text{-}H$ 曲线、初始磁化曲线以及磁滞回线上的各参数等，并能测量材料的各向磁特性。

　　2. 超导量子干涉仪

　　超导量子干涉仪的结构和测试原理是以 Josephson 结和 Josephson 效应为基础的。Josephson 效应是指超导体中的库珀对能够从一个超导体隧穿一个绝缘体，而到达另一个超导体，从而实现完整的电流回路，而 Josephson 结是指两个超导体中间夹一层薄的绝缘层。当在 Josephson 结的两侧加上一个恒定直流电压 U 时，发现在结中会产生一个交变电流，而且辐射出电磁波，这个交变电流和电磁波的频率由下式给出：

$$\nu = \frac{2eU}{h} \qquad (3.20)$$

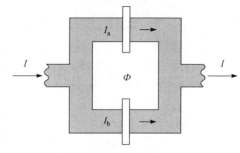

图 3.47　超导量子干涉仪中
Josephson 结示意图

超导量子干涉仪是利用了并联的 Josephson 结构成的,其结构原理如图 3.47 所示。

当外加磁通量提高或者降低时,Josephson 结上的电压降以周期性的方式变化,这个周期是磁通量子的变化周期。外加在超导线圈上的磁通量的变化是量子化的[2],也就是说,磁通量以一种非连续的方式变化,其变化梯度称为磁通量子,表示为 $\varPhi_0 = 2.068 \times 10^{-15}$ W(1 Wb/m^2 = 1 T)。计算这些磁通量子可以非常灵敏地测量超导环中磁通量的变化,从而得到样品的磁化强度。

3.3.3　磁致伸缩效应表征

表征磁致伸缩性能的最重要的物理量是磁致伸缩系数,对于块体材料,磁致伸缩系数的测量比较简单,一般采用贴应变片的方法就能比较容易地测得磁致伸缩系数。然而,对于超磁致伸缩薄膜来说,虽然薄膜的磁致伸缩效应远远大于普通磁性薄膜材料的磁致伸缩系数,但是由于薄膜的尺寸非常小、厚度非常薄,因此它在外磁场中的尺寸变化就非常小,用普通的应变片根本无法观测到任何的尺寸变化,因此要选择更加精密的方法来测量薄膜的磁致伸缩系数。

薄膜的磁致伸缩系数可以通过一种间接的方法——悬臂梁的方法来获得[3]。这种方法通过应力或者应变的效应可以精确地测量到很小的尺寸变化,达到测试的目的。因此,下面将简要地介绍一下悬臂梁测量薄膜磁致伸缩系数的原理。

所谓的悬臂梁,就是一端固定,另一端则处于自由悬伸状态的梁形物体。在测量薄膜磁致伸缩系数的时候,在梁的一面淀积一层磁致伸缩薄膜。悬臂梁固定在磁场中,当施加磁场时,薄膜会产生形变而伸长或缩短,而衬底却不发生形变。这样磁致伸缩薄膜的变形受到衬底材料的约束,衬底就会产生弯曲而变形,从而导致悬臂梁的一端产生一个挠度 Δ。根据磁致伸缩系数 λ 与微偏移 Δ 的关系,就可计算得到薄膜的磁致伸缩系数 λ。图 3.48 给出了在磁场中由于磁致伸缩薄膜发生形变导致的悬臂梁自由端偏转的示意图。由于弯曲变形量的大小与薄膜的磁致伸缩系数、薄膜和衬底材料的弹性性能及薄膜和衬底的厚度有关,因此,在其他参数已知的条件下,可以通过测定悬臂梁自由端挠度值的大小来计算出薄膜的磁致伸缩系数。

设定悬臂梁自由端挠度值为 Δ,E_f 和 E_s 分别代表薄膜和衬底的弹性模量,v_f

图 3.48　悬臂梁自由端弯曲示意图

和 v_s 分别代表薄膜和衬底的泊松比，t_f 和 t_s 分别为薄膜和衬底的厚度，L 为悬臂梁的长度。当施加磁场时，由于薄膜的磁致伸缩效应，在磁场方向上产生的应力：

$$\sigma = \frac{\lambda E_f}{1 + v_f} \tag{3.21}$$

式中，σ 是磁致伸缩薄膜在磁场方向上产生的应力，对于梁形衬底，假定薄膜和衬底是完全的弹性粘结，悬臂梁由于薄膜伸缩应力产生的挠度值为

$$\Delta = \frac{3L^2 \sigma t_f (1 - v_s)}{E_s t_s^2} \tag{3.22}$$

由以上两式可得

$$\Delta = \frac{3\lambda E_f L^2 t_f (1 - v_s)}{E_s t_s^2 (1 + v_f)} \tag{3.23}$$

进而，

$$\lambda = \frac{E_s t_s^2 (1 + v_f)}{3\Delta E_f L^2 t_f (1 - v_s)} \tag{3.24}$$

因此，经过修正后，薄膜的磁致伸缩系数与悬臂梁的挠度值之间的关系可以表示为

$$\lambda = \frac{2}{3} \times \frac{E_s t_s^2 (1 + v_f)}{3\Delta E_f L^2 t_f (1 - v_s)} \tag{3.25}$$

这个结果与 G. A. Gehring 等通过一元化理论严格的解法得出的结果一致[4]。从式(3.25)可以看出，只要可以测量到悬臂梁的挠度值，就可以根据公式求得薄膜的磁致伸缩系数，这样对于超磁致伸缩薄膜系数的测量问题就间接地转变成测量磁场中悬臂梁挠度的问题了。

　　通过上面的分析，磁致伸缩系数 λ 的测量可间接地转化为悬臂梁结构微挠度 Δ 的测量。目前，对于悬臂梁结构微挠度的测量，常见的方法有电容法、激光干涉法和激光反射光杠杆放大法等。本书中主要介绍利用激光反射光杠杆放大的方法进行薄膜的磁致伸缩系数测量，因为这种方法具有操作简便、设备要求低等优点。

　　图 3.49 所示为激光反射光杠杆放大法测量薄膜磁致伸缩系数示意图。一束激光投射到臂长为 L 的悬臂梁抛光面的自由端，其反射光点在距自由端 r 处被位置敏感光电探测传感器(PSD)探测到。当悬臂梁在平行于膜面的外磁场作用下弯曲一个很小的角度 α 时，经过几何计算，在 r 处探测到的激光光点的位移 d 为

$$\frac{d}{2} = r \sin\alpha \tag{3.26}$$

由于悬臂梁形变非常微小,可以近似认为

$$\sin\alpha = \tan\alpha = \frac{\Delta}{L} \tag{3.27}$$

因此,由式(3.26)和式(3.27)可知,

$$\Delta = \frac{\mathrm{d}L}{2r} \tag{3.28}$$

这样,根据式(3.28),可通过对反射光点位移的测量,来实现对悬臂梁微小挠度 Δ 的测量,进而求出磁致伸缩系数。

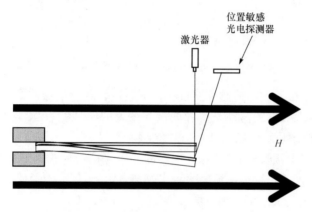

图 3.49 激光反射光杠杆放大法测量薄膜磁致伸缩系数示意图

由于在本书的工作中基片和薄膜分别是单晶硅(100)衬底和 Tb-Fe 薄膜,因此在计算薄膜磁致伸缩系数的时候,涉及的一些基本常数取值如表 3.3 所示。

表 3.3 一些基本常数取值表

E_f/GPa	E_s/GPa	v_f	v_s	t_f/nm	t_s/μm	L/mm	R/m
80	170	0.3	0.2	200	350	28	2

3.3.4 磁电效应表征

建立一套磁电效应综合测试系统对于研究材料的磁电效应是必备的,目前国内外尚无商品化的成套设备。为了表征材料的磁电效应,本书的工作中采用了作者所在课题组自行搭建的一套磁电效应综合测试系统,图 3.50 是自行建立的磁电效应综合测试系统的基本示意图。

在测量样品磁电电压系数时,样品放在一个交变的小磁场中,同时叠放在一个直流偏磁场中。直流偏磁场由电磁铁产生,交变小磁场则由信号发生器和功率放大器驱动亥姆霍兹线圈产生。直流偏磁场的大小通过霍尔探头来检测,交变小磁场通过磁通计来测量。在磁场作用下,样品感生出来的电压可以通过电荷放大器、

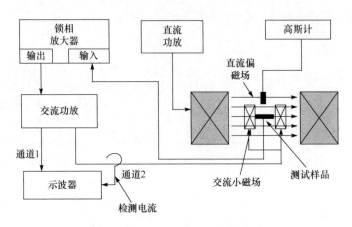

图 3.50　磁电效应综合测试系统的基本框图

数字示波器和锁相放大器检测。测量参数可通过各测量仪器的 GPIB 接口与计算机通信,从而实现数据的自动采集和处理。系统的典型参数:测量频率为 1 Hz～1 MHz,直流偏磁场为 0～1.0 T,灵敏度为 1 mV/(cm·Oe)。

　　在测试过程中,通过调节信号发生器的频率来研究频率跟磁电耦合系数的关系。另外,也可以通过调节电流的大小来改变直流磁场的大小,研究直流偏磁场跟磁电耦合系数的关系。交变小磁场一般设定在 3～10 Oe。

本章参考文献

[1] Jona F,Shirane G. Ferroelectric Crystals. London:Pergamon Press,1962.

[2] Fagaly R L. Superconducting quantum interference device instruments and applications. Review of Scientific Instruments,2006,77(10):101101.

[3] Klokholm E. The measurement of magnetostriction in ferromagnetic thin films. IEEE Transactions on Magnetics,1976,12(6):819-821.

[4] Uchida H,Weda M,Koike K, et al. Giant magnetostrictive materials:thin film formation and application to magnetic surface acoustic wave devices. J. Alloy. Compd. , 1994,211-212:576-580.

第4章　团簇组装单相纳米结构薄膜的磁学性质

作者采用低能团簇束流淀积的实验方法制备了纳米结构 Tb-Fe 薄膜以及单相多铁性 $BiFeO_3$ 薄膜。研究了 Tb-Fe 薄膜的磁性和超磁致伸缩效应，发现与普通的薄膜相比，纳米结构团簇颗粒薄膜具有更高的低场磁致伸缩系数，进一步研究了团簇颗粒尺寸对薄膜磁致伸缩性质的影响。表征了 $BiFeO_3$ 薄膜的铁磁性，由于团簇组装的尺寸效应，其表现出了明显的铁磁性以及磁各向异性。并以磁性 Co 团簇为例，研究了低能团簇束流淀积和荷能淀积对薄膜性质和结构的影响，从而为丰富团簇淀积技术奠定了基础。

4.1　引　　言

磁性材料的使用历史源远流长，从古老的指南针到现代的电动机、发电机、计算机等，随着近代物理学的发展，人们逐渐认识到了磁性的本质，因而为我们利用磁性材料提供了可靠的助力。铁磁性物质除能够被磁化之外，还具有磁各向异性、磁致伸缩等各种奇特而优异的性能，这为我们将其应用于更广泛的领域提供了诸多路径。

超磁致伸缩薄膜可以广泛应用于微传感器及微驱动器，要达到良好的应用效果，具有较大的磁致伸缩系数非常重要，另外一点比较重要的是需要材料能够在较低的激励磁场下表现出较高的应变值，即希望薄膜的压磁系数 $q=d\lambda/dH$ 较大。薄膜在低磁场下的压磁系数越大，薄膜的低场磁敏性越高，传感器及驱动器的灵敏度越高。因此，如何提高薄膜磁致伸缩系数以及提高薄膜在低磁场下的磁致伸缩性能一直是磁致伸缩薄膜研究的重点。为此，作者研究了 Tb-Fe 纳米团簇薄膜的磁性和超磁致伸缩效应，发现与普通的薄膜相比，纳米结构团簇颗粒薄膜具有更强的磁性及磁致伸缩效应。

单相多铁性材料由于其同时具有铁电序和铁磁序，在微纳机电系统的磁电耦合方面有着广阔的应用前景。$BiFeO_3$（铁酸铋）作为为数不多的室温多铁性材料之一，近年来受到了人们的广泛关注，但 $BiFeO_3$ 的弱铁磁性一直是限制磁电效应的一个严重问题。而且有关这个弱铁磁性的来源仍然存在着很大的争议，到目前为止还没有一个定论。因此，如何增加 $BiFeO_3$ 薄膜的磁性已经成为一个关乎 $BiFeO_3$ 薄膜能否在实际中应用的重要前提。在本章 4.3 节中，利用团簇组装

BiFeO$_3$ 纳米薄膜,以期提高其铁磁性,并探究其形成和增强铁磁性的微观机理。

不久前,人们在稀磁半导体(dilute magnetic semiconductors,DMSs)中发现了铁磁性,从而引起了对此类材料的广泛研究。DMSs 可用来制造自旋发光二极管、自旋极化太阳能电池以及磁光开关等一系列新型器件,并且能够通过操控电子自旋实现数据的量子比特存储方式,以及非易失性记忆存储单元。而获得室温铁磁性是实现这些设备的基本条件。在本章 4.4 节中,利用团簇组装的方法制备了 Co 掺杂 ZnO 纳米团簇薄膜、Ti 掺杂 ZnO 纳米团簇薄膜以及 CrO 纳米团簇薄膜,并研究了其室温下的铁磁性。

采用低能团簇束流淀积的薄膜是由团簇颗粒堆积而成,然而,团簇颗粒以一定能量降落到衬底上也是一个非常常见的过程。与低能团簇束流淀积相比,荷能团簇束流淀积制备的薄膜在结构和性质会发生一定的变化,本章 4.5 节以磁性 Co 团簇为例,初步研究了低能团簇束流淀积和荷能淀积对薄膜性质和结构的影响,从而为丰富团簇淀积技术奠定了基础。

4.2　纳米结构 Tb-Fe 团簇薄膜的超磁致伸缩效应

最近几十年,由于在微机电系统(MEMS)中的应用潜力[1],薄膜磁致伸缩材料越来越受到重视。国内外,许多实验手段,例如脉冲激光淀积(PLD)、离子电镀(ion plating)、离子束溅射(ion beam sputtering)、磁控溅射(magnetron sputtering)、激光蒸发(flash evaporation)等[2-5]都被用来制备 R-Fe 薄膜。然而,制备的非晶薄膜具有较高的磁晶各向异性,这样,薄膜需要在较高的激励磁场下才能达到饱和磁致伸缩,不利于在微型器件中的应用。国内外的学者试图解决这个问题而付诸了许多努力,比如掺入其他的稀土元素来降低或者补偿这种各向异性,或者改变薄膜中稀土元素的含量,还有制备多层复合薄膜等方法,虽然这些手段在一定程度上降低了薄膜的磁晶各向异性,却是以降低饱和磁致伸缩系数为代价的。图 4.1[6]和图 4.2[7]分别给出了利用普通的磁控溅射的方法制备的 Tb-Fe 和 Tb-DyFe 非晶薄膜的磁致伸缩系数随磁场变化的曲线。

从图中我们可以看到,薄膜与大块晶体材料相比,即使在很高的驱动磁场下 R-Fe 薄膜的磁致伸缩性能仍会大大降低[8],这样限制了薄膜体系在 MEMS 的进一步应用。另外,尽管这种 R-Fe 薄膜适合应用在硅基微器件却无法应用在日益发展的纳机电(NMES)器件中,因为当前一些薄膜制备的实验方法不能实现在纳米尺度上控制薄膜磁性。

本节中介绍了一种新的方法——低能团簇束流淀积来制备超磁致伸缩纳米结构薄膜。在此基础上,作者系统研究了薄膜的微结构、铁磁性以及磁致伸缩特性,本节的研究工作也为利用团簇束流淀积方法制备磁电薄膜异质结奠定了基础。

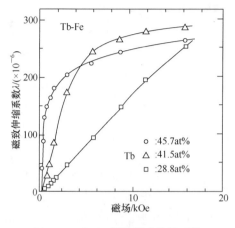

图 4.1　Tb-Fe 薄膜磁致伸缩系数
随磁场变化曲线

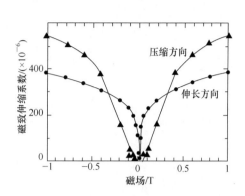

图 4.2　TbDyFe 薄膜磁致伸缩系数
随磁场变化曲线

4.2.1　纳米结构 Tb-Fe 团簇颗粒薄膜的制备

利用作者所在课题组自行设计和研制的超高真空团簇束流系统(UHV-CBS)制备了纳米结构 Tb-Fe 团簇颗粒薄膜。

从超磁致伸缩薄膜的应用以及方便性质测试角度来说,能和薄膜有良好附着力,同时不容易导致薄膜扩散的衬底是良好的选择。我们选取具有(100)晶格取向的单晶硅(Si)作为衬底。选取这种衬底的另外一个优点就是能够与半导体工艺互相兼容,同时可以直接应用在半导体工艺中的硅基器件之中。

根据不同的测试要求,选择不同规格的衬底。选择 10 mm×10 mm×0.45 mm 的正方形衬底,在这样的衬底上制备的薄膜用来测试薄膜的表面形貌和 X 射线衍射(XRD);选择 4 mm×4 mm×0.45 mm 的正方形衬底,在这样的衬底上制备的薄膜用来测试薄膜的磁学性质;选取 4 mm×28 mm×0.30 mm 的梁形衬底,在这样的衬底上制备的薄膜用来测试薄膜的磁致伸缩系数。

在生产和切割过程中,衬底表面会不可避免地沾染污渍,这会对薄膜的质量产生较大的影响。因此,在制备薄膜之前,对衬底的预处理是必须的。我们在实验中对衬底的预处理步骤很简单:首先,用丙酮超声清洗 10 分钟,以除去衬底表面的油污;用酒精超声清洗 10 分钟,以除去衬底表面的灰尘及杂质;最后用去离子水超声清洗 10 分钟,除去衬底表面残留的丙酮和其他离子杂质,洗净的衬底烘干备用。

实验中使用高纯的稀土-铁合金 $TbFe_2$ 靶(99.99％)作为溅射靶材。利用直流电源作为溅射电源,主要的工作条件见表 4.1。

表 4.1   Tb-Fe 团簇薄膜的制备条件

本底真空	4×10^{-5} Pa
溅射 Ar 气流量	100 sccm
缓冲 He 气流量	60 sccm
溅射电压	400 V
溅射电流	0.2 A
淀积速率	1 Å/s

在系统真空达到 4×10^{-5} Pa 时,通入 Ar 气(100 sccm) 作为溅射气体,通入 He 气(60 sccm)作为缓冲气体,同时实验中一直用液氮冷却冷凝腔,溅射功率为 40 W 左右,薄膜生长速率用膜厚监控仪(FTM-ⅢB)原位测得为 1 Å/s,通过控制薄膜淀积的时间来控制薄膜的厚度。根据实验的不同要求,在不同规格的衬底上制备了 Tb-Fe 纳米结构团簇颗粒薄膜。实验制备的薄膜的厚度大约为 200 nm。

在制备了薄膜之后,对薄膜采用了高温热处理,由于稀土合金的氧化活性特别高,因此常规热处理方法很容易使薄膜氧化,从而导致薄膜的磁致伸缩性能大大下降。因此,采用了在氢气的气氛下退火,这种方法可以防止稀土金属氧化,能最大限度地保证薄膜中的元素不被空气中的氧气氧化。在实验中采用 400 ℃下保温 15 分钟的热处理。

4.2.2 Tb-Fe 纳米结构薄膜的结构与性质表征

在制备了超磁致伸缩薄膜之后,采用了常规的纳米表征手段,对薄膜的形貌、相结构、铁磁性质进行了表征。测试使用 Sirion 2000 型场发射扫描电子显微镜(SEM)表征薄膜的表面形貌;使用 X 射线能谱(EDX)微量分析纳米结构薄膜的成分;使用日本理学 Rigaku 公司生产的 D/Max-RA 型转靶 X 射线衍射仪来表征薄膜的相结构;使用 MPMS-XL 型超导量子干涉仪(SQUID)表征薄膜的磁学性质;利用激光反射光杠杆法测试薄膜的磁致伸缩系数。

团簇组装的 Tb-Fe 超磁致伸缩薄膜的 SEM 图像如图 4.3 所示。

从图中可以清楚地看到,薄膜是由形状规则的球型纳米颗粒紧密地堆积而成。纳米颗粒之间均一分布并且紧紧地连接到一起,但是并没有发现纳米颗粒之间发生特别强烈的聚合,纳米颗粒基本保持单分散性。纳米颗粒的平均尺寸是 30 nm。

进一步统计了纳米颗粒的尺寸分布,图 4.4 是纳米颗粒的统计分布图。从图中可以清楚地看出,实验获得的团簇的尺寸符合对数——正态分布的形式。球型纳米颗粒的尺寸分布在一个狭小的区域,全部集中在 20~40 nm,而且这些颗粒主要是集中在 25~35 nm。薄膜中的纳米颗粒这种分布均匀、尺寸规则主要受益于该实验过程——低能团簇束流淀积,实际上团簇束流淀积时,团簇淀积到衬底时的

Acc.V Spot Magn　　　Det WD　　　　　　　　　500 nm
10.0kV 3.0　50000x TLD 6.6

图 4.3　Tb-Fe 超磁致伸缩薄膜的 SEM 图

能量是非常低的,团簇颗粒到衬底的动能是 $10\sim100$ meV/atom,而对于该实验系统而言,一般团簇淀积到衬底的切向速度小于法向速度的 1/50,所以,实际上团簇颗粒和衬底之间的碰撞是一种正碰。从而,团簇颗粒在衬底表面的切向动能远远小于表面的迁徙能(一般是 eV 量级),这样不容易发生团簇颗粒之间的大范围聚合。

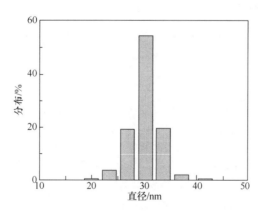

图 4.4　Tb-Fe 薄膜中纳米颗粒的统计分布图

　　通过分析,团簇颗粒中,每个原子的动能低于 100 meV,远远小于原子的结合能(一般原子的结合能为 eV 量级),所以团簇入射到衬底上是不可能被击碎或者反射回去,而是立即被衬底吸附,因此这种淀积完全是一种软着陆(soft landing)。这也是团簇淀积为低能淀积的原因所在。又因为团簇颗粒在衬底表面难于迁徙,因此这种团簇淀积基本上可以看成是一种随机堆垛的过程。这种随机堆垛淀积使颗粒之间不容易发生反应聚合,而且容易形成均匀单一的薄膜。这种低能团簇束流淀积为制备尺寸均匀的团簇颗粒薄膜奠定了坚实的基础。

图 4.5 给出了薄膜成分的 EDX 能谱,从能谱分析显示,在薄膜中 Tb 原子和 Fe 原子的原子比为 1∶2,这与靶的成分是基本一致的。

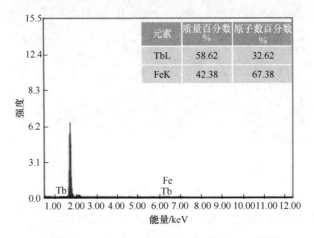

图 4.5　Tb-Fe 纳米结构薄膜成分的 EDX 能谱

采用 X 射线衍射(XRD)来进行相结构分析,光源为 Cu Kα,图 4.6 就是 Tb-Fe 超磁致伸缩团簇薄膜的 XRD 图谱。

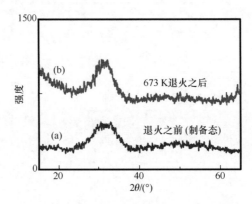

图 4.6　Tb-Fe 超磁致伸缩薄膜的 XRD 图谱

图 4.6(a)是淀积薄膜的 XRD 图谱,(b)是淀积薄膜经过热处理后的 XRD 图谱。从图中可以看出,Tb-Fe 薄膜的 XRD 图谱中没有发现尖锐的晶态衍射峰,说明制备态和退火样品薄膜为非晶态或纳米晶态。但是,薄膜的 XRD 图谱中存在着宽广的扩展峰,制备态薄膜的扩展峰在 $2\theta=24°\sim38°$ 的范围内,而经过退火热

处理的薄膜的扩展峰位于 $2\theta=26°\sim36°$ 的范围内。从图中可以清晰地看到,经过 400 ℃ 热处理后的薄膜的 X 射线衍射与制备态相比,扩展峰的中心位置并没有发生移动,但是,与制备态相比,扩展峰的峰宽已经变窄,说明已经有纳米晶出现。

　　磁致伸缩材料的磁致伸缩性质起源于材料的磁性,因此,在研究磁致伸缩性质之前,有必要研究下薄膜的磁性。图 4.7 就是制备的 Tb-Fe 薄膜的磁滞回线。

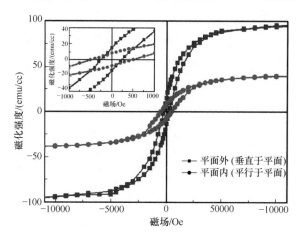

图 4.7　制备态 Tb-Fe 薄膜的磁滞回线

　　图中分别测试了磁场平行于膜面方向(in plane)的磁滞回线和垂直于膜面(out of plane)的磁滞回线,从图中可以看出薄膜展示了非常明显的磁各向异性。面外和面内的饱和磁化强度分别是 $\sim$95 emu/cc 和 $\sim$38 emu/cc。另外,非常值得注意的是薄膜无论是在面内还是在面外展示了较大的矫顽力,在面外和面内分别为 $\sim$250 Oe 和 $\sim$508 Oe。

　　薄膜展示出明显的磁各向异性和较高的矫顽力主要可以归结为以下原因,首先,可以归结为组装薄膜的基本单元——团簇,对于磁性纳米颗粒,矫顽力随着颗粒尺寸的增加而增加,当增加到某一合适的尺寸时,矫顽力达到最大值,继续增加纳米颗粒的尺寸,矫顽力开始下降。这个磁性纳米颗粒规律已经被 C. N. Chinnasamy 等验证[9]。对于该方法制备的薄膜来说,由于薄膜是由团簇颗粒组装而成,团簇颗粒的尺寸大约为 30 nm,远远小于普通薄膜中颗粒的尺寸,因此很容易理解团簇颗粒薄膜具有较大的磁各向异性和较高的矫顽力。另外一个原因可以归结于在磁致伸缩薄膜内存在着残余应力。在薄膜的制备过程中,薄膜内形成了压应力。压应力可能是在薄膜制备的过程中,Ar 离子或者 Ar 原子进入薄膜内,从而形成了压应力。这种压应力可以导致面外的磁各向异性,进而导致较高的矫顽场。除此之外,薄膜的非晶结构和薄膜内存在的缺陷也是使薄膜具有较高矫顽力的原因。因为磁致伸缩材料的磁各向异性主要起源于包括电子对之间的耦合或电子与轨道之间的耦合等材料本身内在的各向异性,因此我们推断在超磁致伸缩团簇薄膜内存在的较高的矫顽力恰好是反映了在薄膜内 Tb-Fe 纳米颗粒偶极场的增强。

为了进一步研究磁各向异性和较高矫顽力的原因,测试了经过退火热处理过的薄膜的磁学性质,图 4.8 就是经过 400 ℃退火热处理后的薄膜的磁滞回线。

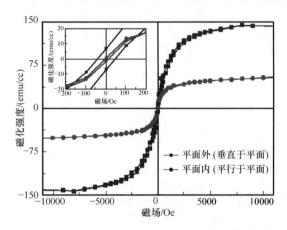

图 4.8　400 ℃退火热处理后的 Tb-Fe 薄膜的磁滞回线

从图中可以明显看出,与制备态薄膜相比,无论是面外还是面内,矫顽力的值都明显地大幅下降,在面外和面内的矫顽力值分别为～50 Oe 和～15 Oe。矫顽力下降的最可能原因就是薄膜内缺陷的减少和残余应力的释放。因为薄膜的退火热处理有利于薄膜内缺陷的消失,并且退火也会使薄膜内存在的残余应力减小或者消失。这样薄膜的矫顽力就会下降。另外就是经过退火处理,薄膜的成相也逐渐好转,出现了从非晶到纳米晶的转换,纳米晶的出现也有利于薄膜内矫顽力的降低。

从图 4.8 还可以分析到,与制备态相比,Tb-Fe 纳米结构薄膜经过退火热处理后,磁各向异性的程度有所减弱,并且磁各向异性已经开始从面外各向异性向面内各向异性转变。由于面外方向的磁各向异性与薄膜制备过程中形成的残余应力——压应力有关,退火热处理会释放薄膜内的压应力,因此导致薄膜的面外方向的磁各向异性减弱。而且 Weda 等也报道了合适温度的热处理能够提高薄膜面内的磁化状态[10]。另外,在热处理过程中,对于薄膜来说有利于形成非严格的短程有序,这种短程有序有利于增强薄膜面内的磁化态[11]。正是基于这些原因,薄膜在面外的磁各向异性开始减弱,并开始出现向面内方向磁各向异性的转化。

4.2.3　团簇薄膜磁致伸缩性质分析

从上面对于薄膜的微结构和磁性表征可以看出,纳米结构团簇薄膜展示了与普通方法制备的薄膜的不同之处,因此,正是这些微结构和磁学性质的特征决定了薄膜具有更强的磁致伸缩效应。图 4.9 表征的是制备态薄膜和经过退火热处理的薄膜的磁致伸缩系数随施加的磁场变化的图线。

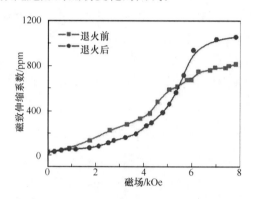

图 4.9　纳米结构 Tb-Fe 薄膜的磁致伸缩系数随施加的磁场变化的图线

从图中可以看出,对于制备态的纳米结构薄膜,它的磁致伸缩系数 λ 随施加偏磁场 H_{bias} 的变化主要分为三个阶段:当偏磁场 $H_{bias} < 4$ kOe 时,薄膜磁致伸缩系数 λ 的值随着偏磁场 H_{bias} 的增加而线性地缓慢增加;当偏磁场 H_{bias} 在 $4 \sim 6$ kOe 时,薄膜磁致伸缩系数 λ 的值随着偏磁场 H_{bias} 的增加而迅速增加;当偏磁场 $H_{bias} > 6$ kOe 时,薄膜磁致伸缩系数 λ 的值随着偏磁场 H_{bias} 的增加而非常缓慢地增加,并最后趋于饱和。薄膜的磁致伸缩系数在偏磁场 $H_{bias} = 7.8$ kOe 时达到饱和的 810×10^{-6},这个磁致伸缩系数要大于目前文献中报道的用其他方法制备的薄膜的磁致伸缩系数。甚至和块体材料相比,这个磁致伸缩系数的值也并不逊色。

纳米结构 Tb-Fe 团簇薄膜经过 400 ℃退火热处理后,其磁致伸缩曲线随磁场变化的三个阶段更加的明显。这主要是因为经过热处理后的薄膜中的缺陷数量的下降和薄膜部分成纳米晶相所致。更为重要的是,我们发现,与制备态薄膜相比,热处理后的薄膜在偏磁场 $H_{bias} = 7.8$ kOe 时达到饱和的磁致伸缩系数为 1060×10^{-6}。

总之,从磁致伸缩系数随磁场变化的曲线,可以看出无论是制备态的薄膜还是经过退火热处理的薄膜,磁致伸缩系数都明显高于其他方法制备的普通薄膜的磁致伸缩系数。超磁致伸缩薄膜的磁致伸缩系数要受到诸多因素影响,如成分、内应力、磁各向异性、热处理等因素,下面将要对这些影响因素进行分析。

1. 成分对薄膜磁致伸缩性质的影响

对于超磁致伸缩薄膜,成分对薄膜的磁致伸缩性质具有非常明显的影响。首先,稀土元素的不同会给磁致伸缩性质带来非常大的差异,甚至是发生力学性能的改变,例如对于二元超磁致伸缩合金 $TbFe_2$、$SmFe_2$ 分别是正磁致伸缩及负磁致伸缩典型材料。稀土元素的不同带来了材料的伸长和缩短的不同。另外就是对于 Tb_xFe_{1-x} 等材料的薄膜,在相当大的成分范围内均具有超磁致伸缩效应。但是,材料中的 Tb 的含量将直接影响薄膜的磁致伸缩性质[6,8]。在一般情况下,薄膜中含量适中的 Tb 元素是薄膜具有较高磁致伸缩系数的一个主要原因,在团簇薄膜中 Tb 元素的含量和溅射靶材料中的一样,因此,能够成为薄膜具有较高磁致伸缩系数的一个主要因素。

2. 薄膜内应力对磁致伸缩性质的影响

薄膜内应力对薄膜的磁性及磁致伸缩性质会有很大影响。磁致伸缩过程实际上就是材料通过变形以降低磁晶各向异性能和弹性能,使总能量降低的过程。当薄膜中存在着应力时,薄膜的总能量就会发生变化,从而薄膜的磁致伸缩性质也将发生变化。由薄膜内应力带来的磁各向异性能可以表示为

$$E_\sigma = -\frac{3}{2}\lambda\sigma\sin^2\theta \tag{4.1}$$

式中,θ 为磁化强度和膜面法线方向的夹角,由于在薄膜内存在着磁各向异性,因此,薄膜内存在着残余应力,这种残余应力主要是在薄膜制备的过程之中形成的。薄膜的内应力影响到薄膜的磁弹性能,进而影响到薄膜的磁致伸缩性质。

3. 磁各向异性对薄膜磁致伸缩性质的影响

纳米结构 Tb-Fe 团簇薄膜展现出的巨大的磁致伸缩系数可能来源于纳米结构薄膜的较高的磁弹性能。众所周知,材料的磁致伸缩系数来源于材料的磁弹性能。而磁弹性能主要包括自旋与自旋间的相互作用能和磁各向异性交换相互作用能。一般说来,大的磁弹性能可以导致大的磁各向异性,进而可以导致大的饱和磁致伸缩,因此,正是由于纳米结构团簇薄膜具有较大磁弹性能导致较高的饱和磁致伸缩系数和较大的磁各向异性。在磁致伸缩薄膜的体系下,饱和磁致伸缩系数与磁各向异性的关系可以用下式表示[12]:

$$\chi = \frac{\mu_0 M_s^2}{2K - 3\lambda_s\sigma} \tag{4.2}$$

式中,χ 是初始磁化率;M_s 是饱和磁化强度;K 是磁各向异性常数;σ 是施加到薄膜上的压应力;λ_s 是饱和磁致伸缩系数,从式(4.2)可以看出磁各向异性系数和薄

膜的饱和磁致伸缩系数之间的关系。如果不考虑其他因素对磁致伸缩系数的影响,也就是如果假定在施加磁场的过程中薄膜上的压应力、饱和磁化强度和磁导率不受影响的前提下,则薄膜的磁致伸缩系数随着磁各向异性的增加而增加。因此,对于纳米结构 Tb-Fe 团簇薄膜而言,薄膜具有明显的磁各向异性,进而形成较高的磁弹性能和较大饱和磁致伸缩系数。

进一步考虑磁各向异性对薄膜低场磁致伸缩系数的影响,考虑到团簇薄膜为非晶薄膜,因此在薄膜内的磁晶各向异性可以忽略不计。对于非晶态的 Tb-Fe 团簇薄膜而言,由于在制备过程中存在一定的结构和成分的不均匀。因此,薄膜在尺度上存在单轴各向异性的局域晶场效应[13]。假设团簇薄膜存在一定的宏观磁各向异性,则与之相关的磁各向异性能可以表示为

$$E_a = K \sin^2 \theta \tag{4.3}$$

另外,在非均匀磁性材料的外表面或内表面的自由磁极所引起的静磁能也可以带来磁各向异性,假设饱和磁化强度为 M_s,退磁化因子为 N,则薄膜外表面的自由磁极所产生的静磁能可以表示为[14]

$$U = -\frac{1}{2} N \mu_0 M_s^2 \sin^2 \theta \tag{4.4}$$

由此带来的各向异性叫做形状各向异性。形状各向异性能可以表示为

$$E_s = U = -\frac{1}{2} N \mu_0 M_s^2 \sin^2 \theta \tag{4.5}$$

如果在团簇薄膜中只考虑到宏观各向异性、应力各向异性和形状各向异性,则薄膜总的磁各向异性能可以表示成[15]

$$E = K \sin^2 \theta - \frac{3}{2} \lambda \sigma \sin^2 \theta - \frac{1}{2} N \mu_0 M_s^2 \sin^2 \theta$$

$$= \left(K - \frac{3}{2} \lambda \sigma - \frac{1}{2} N \mu_0 M_s^2 \right) \sin^2 \theta \tag{4.6}$$

在这里定义,$K_{eff} = K - \frac{3}{2} \lambda \sigma - \frac{1}{2} N \mu_0 M_s^2$,称为有效磁各向异性常数。

根据磁致伸缩的基本原理,磁致伸缩效应是由于材料在外磁场作用下,磁畴的磁化状态发生改变所引起材料的宏观形变。对于单轴各向异性的磁性薄膜,磁畴畴壁主要是 180°畴壁,被 180°畴壁分开的磁畴在磁化方向上的应变 $\lambda = \Delta l / l$ 是相等的,畴之间没有应变不协调,因此磁化过程中畴壁的移动对磁致伸缩没有贡献。因此,薄膜的磁致伸缩主要由畴壁的转动导致的磁化转动所决定,因为对于 90°畴壁,畴之间有明显的应变不协调性,在畴壁之间的任何区域都有应变能[16]。对于磁畴转动的磁化过程,磁化强度 M 可表示为[17]

$$M = \frac{\mu_0 M_s^2}{2 K_{eff}} H_{eff} \tag{4.7}$$

当磁化过程是由磁畴的转动所决定时,沿着磁场方向的磁致伸缩的大小可以表示为[18,19]

$$\lambda = \frac{3}{2}\lambda_s \left(\frac{M}{M_s}\right)^2 \tag{4.8}$$

由薄膜内应力所引起的附加磁场可以表示为

$$H_\sigma = -\mu_0 \frac{dE_\sigma}{dM} = \frac{3}{2}\frac{\sigma}{\mu_0}\sin^2\theta \left(\frac{d\lambda}{dM}\right)_{\sigma,T} \tag{4.9}$$

如果考虑到在外磁场作用下,由薄膜内应力产生的磁场和畴壁相互作用产生的磁场[15],则根据式(4.8)、(4.9)可以得到总的有效磁场为

$$H_{eff} = H + \alpha M + H_\sigma = H + \alpha M + \frac{9}{2}\frac{\sigma\lambda_s M}{\mu_0 M_s^2} \tag{4.10}$$

综合式(4.7)、(4.8)、(4.10)可以得到在应力 σ 的条件下,薄膜的磁致伸缩系数 λ_σ 为

$$\lambda_\sigma = \frac{3}{2}\lambda_s \frac{\mu_0^2 H^2 M_s^2}{\left(2|K_{eff}| - \alpha\mu_0 M_s^2 - \frac{9}{2}\sigma\lambda_s\right)^2} \tag{4.11}$$

从式(4.11)可以看出,在应力和饱和磁化强度不变的情况下,薄膜的磁致伸缩系数直接受磁各向异性的影响,磁各向异性越小,磁致伸缩系数越大,而根据式(4.2)以及磁致伸缩效应的理论来源,磁各向异性越大,其饱和磁化磁致伸缩系数越大,因此控制薄膜合适的磁各向异性对于其推广应用具有非常重要的意义。

4. 热处理对薄膜磁致伸缩性质的影响

利用低能团簇束流淀积制备的磁致伸缩团簇薄膜为非晶态,经 673 K 的热处理后薄膜性质发生了改变。薄膜的易磁化方向由垂直膜面逐渐向平行膜面的方向转变。同时,对薄膜进行热处理时,由于 Tb-Fe 团簇薄膜和衬底 Si 的热膨胀系数差别很大(Tb-Fe 的热膨胀系数近似为 $12 \times 10^{-6}/℃$,Si 的热膨胀系数为 $4 \times 10^{-6}/℃$),因此,在退火过程中将会使薄膜的内应力发生改变。通过高温退火阶段,薄膜内原有的内应力会被释放。但从高温冷却时,由于热膨胀系数的不同,薄膜产生了张应力,使团簇薄膜垂直膜面各向异性的程度减弱,并开始向平行膜面的方向转变,类似的结果在其他文献中也有报道[20]。根据前面的讨论,这种磁各向异性的变化行为直接影响着薄膜的磁致伸缩性质,因此退火热处理能够影响着薄膜的磁致伸缩性质。

4.2.4　不同尺寸的团簇组装的 Tb-Fe 纳米结构薄膜及其性质

通过上一节的讨论可知,超磁致伸缩团簇薄膜展现出高于一般方法制备的普

通薄膜的磁致伸缩系数。这种高的磁致伸缩系数可能与团簇奇异的特征和性质有关,因此,薄膜的微结构可能影响到薄膜的磁致伸缩性质,在这一节里我们研究了具有不同微结构的纳米结构 Tb-Fe 团簇薄膜的性质。

1. 不同尺寸的 Tb-Fe 纳米结构团簇薄膜的制备

实验中我们仍然选用具有(100)晶格取向的单晶硅(Si)作为衬底。根据不同的测试要求,选择不同规格的衬底。选择 10 mm×10 mm×0.45 mm 的正方形衬底,在这样的衬底上制备的薄膜用来测试薄膜的表面形貌和 X 射线衍射(XRD);选择 4 mm×4 mm×0.45 mm 的正方形衬底,在这样的衬底上制备的薄膜用来测试薄膜的磁学性质;选取 4 mm×28 mm×0.30 mm 的梁形衬底,在这样的衬底上制备的薄膜用来测试薄膜的磁致伸缩系数。对实验中使用的衬底的预处理步骤仍然采用丙酮、酒精、去离子水各超声清洗 10 分钟,以除去衬底表面的油污、灰尘及杂质。实验中仍然使用高纯的稀土-铁合金 $TbFe_2$ 靶(99.99%)作为溅射靶材。利用直流电源作为溅射电源,主要的工作条件与上一节中制备 Tb-Fe 纳米结构团簇薄膜的工作参数基本一致,我们主要采用调节冷凝距离制备不同尺寸的团簇纳米颗粒。实验中采用冷凝距离分别为 $L_1=110$ mm,$L_2=95$ mm,$L_3=80$ mm,分别制得了不同尺寸纳米颗粒的超磁致伸缩薄膜。薄膜在氢气的气氛下 400 ℃ 保温 15 分钟的退火热处理。

2. 不同尺寸的团簇组装的 Tb-Fe 纳米结构薄膜的微结构表征

薄膜的微结构可能影响到薄膜的磁致伸缩性质,因此,对于制备的不同尺寸的团簇颗粒组装的纳米结构薄膜,我们研究了其微结构,不同尺寸的团簇颗粒组装的薄膜的 SEM 图谱如图 4.10 所示。

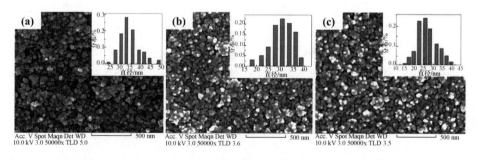

图 4.10　不同尺寸团簇颗粒组装的薄膜的 SEM 图谱及其尺寸统计分布

在图 4.10 中,(a),(b),(c)分别是冷凝距离为 $L_1=110$ mm,$L_2=95$ mm,$L_3=80$ mm 时制备样品的 SEM 图谱。从图中可以看出,对于不同冷凝距离制备的样品,各种薄膜样品仍然是由形状规则的球型纳米颗粒紧密地堆积而成。纳米颗粒之间均一分布并且紧紧地连接到一起,纳米颗粒基本保持单分散性。在图4.10中,每幅SEM图的右上角是组装薄膜的团簇颗粒的尺寸统计分布图,从统计分布图中可以看出,对于不同冷凝距离制备团簇组装的超磁致伸缩薄膜,团簇纳米颗粒的尺寸分布都是服从对数-正态分布的规律,只是团簇纳米颗粒尺寸的分布区间在发生变化:在冷凝腔的距离是 $L=110$ mm 时,团簇纳米颗粒主要分布在 $31\sim36$ nm 的狭小区域,团簇纳米颗粒的平均直径是 35 nm;在冷凝腔的距离是 $L=95$ mm时,团簇纳米颗粒主要分布在 $28\sim33$ nm 的狭小区域,团簇纳米颗粒的平均直径是 30 nm;在冷凝腔的距离是 $L=80$ mm 时,团簇纳米颗粒主要分布在 $23\sim28$ nm的狭小区域,团簇纳米颗粒的平均直径是 25 nm。

从以上分析可以得出结论,冷凝腔的长度在很大程度上影响着团簇的形成和生长。实际上,团簇的生长和尺寸分布与团簇在冷凝腔中的滞留时间有关,团簇在冷凝腔中的滞留时间越长,团簇和原子气体的碰撞次数就越多,这样就越容易使团簇凝聚长大。因此,在其他实验条件和参数不变的情况下,调节团簇冷凝腔的距离,可以改变团簇在冷凝腔内的滞留时间,进而可以制备出不同尺寸分布的团簇纳米颗粒。

3. 薄膜的相结构表征

各种尺寸纳米团簇颗粒组装薄膜的 XRD 图谱如图 4.11 所示。

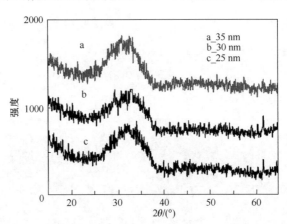

图4.11　不同尺寸的纳米团簇颗粒组装的薄膜的 XRD 图谱

从图中可以看出,薄膜的 XRD 图谱仍然是很宽的扩展峰,不同尺寸团簇组装的薄膜的 XRD 图谱的扩展峰的中心位置一致,大约都位于 $2\theta=32°$,说明薄膜的相结构没有发生变化。尽管不是特别明显,但是随着颗粒尺寸的增加,扩展峰的峰宽逐渐变得狭窄。出现这种情况的可能原因是大尺寸的团簇颗粒可能包含着更多数量的纳米晶粒。

4. 薄膜的磁致伸缩性质表征

为了表征团簇颗粒的尺寸对薄膜磁学性质的影响,分别测试了具有不同颗粒尺寸的团簇纳米颗粒组装薄膜的磁致伸缩曲线随磁场变化的关系,如图 4.12 所示。

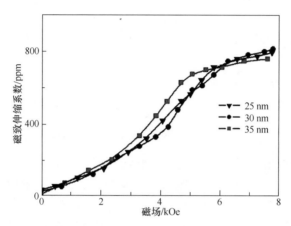

图 4.12　不同颗粒尺寸的团簇纳米颗粒组装薄膜的磁致伸缩曲线

图 4.12 中三条曲线分别代表颗粒尺寸为 25 nm、30 nm、35 nm 的团簇颗粒所组装薄膜的磁致伸缩系数随磁场变化的曲线,从图中可以看到,与普通方法制备的超磁致伸缩薄膜相比,这几种尺寸的 Tb-Fe 薄膜仍然表现出很大的磁致伸缩系数。然而,团簇组装薄膜的磁致伸缩性质也随着团簇尺寸的变化发生了明显变化。一方面,随着团簇颗粒尺寸的增加,薄膜的饱和磁致伸缩系数 λ_s 只发生了很小的变化。对于团簇颗粒的尺寸分别为 25 nm、30 nm、35 nm 的薄膜,其饱和磁致伸缩系数分别是 $\lambda_s \sim 720 \times 10^{-6}$,$\lambda_s \sim 735 \times 10^{-6}$ 和 $\lambda_s \sim 715 \times 10^{-6}$。然而,薄膜达到饱和磁致伸缩的饱和磁场 H_m 却随着团簇纳米颗粒尺寸的变化发生了明显变化。例如,对于团簇尺寸是 25nm 的薄膜,其饱和磁场 $H_m \sim 5.8$ kOe;对于团簇尺寸是 30 nm 的薄膜,其饱和磁场 $H_m \sim 6.4$ kOe;对于团簇尺寸为 35 nm 的薄膜,其饱和磁场 $H_m \sim 5.0$ kOe。另一方面,我们注意到,团簇颗粒的尺寸明显影响着薄膜在低磁场下的磁致伸缩性质,颗粒尺寸较大的薄膜容易达到饱和磁致伸缩,而且这种薄膜在低场下的磁致伸缩系数较大。例如,对于团簇颗粒的尺寸是 35 nm 的薄膜在较低的磁场 $H = 3.5$ kOe 时,其磁致伸缩系数高达 $\lambda = 380 \times 10^{-6}$,在相同磁场下比另外两种薄膜高了将近 30%。

为了清晰地表明薄膜的饱和磁场和磁致伸缩系数的关系,我们画出了这几种尺寸纳米团簇颗粒组装薄膜的压磁系数 $q(= d\lambda/dH)$ 曲线。压磁系数反映的是磁致伸缩系数变化率,体现着薄膜磁致伸缩系数随磁场变化增减快慢的物理量。

图 4.13 就是薄膜的压磁系数随磁场变化的曲线。

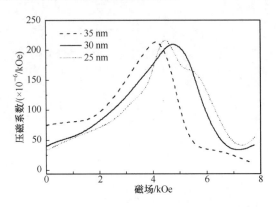

图 4.13　团簇组装薄膜的压磁系数随磁场变化的曲线

从图中可以看出，虽然各种尺寸团簇颗粒所组装薄膜的最大压磁系数基本相同，大约是 $q_m \sim 210 \times 10^{-6}/\text{kOe}$，然而，它们达到最大压磁系数时的磁场 H_p 却差别很大。例如，对于颗粒尺寸为 35 nm 的薄膜达到最大压磁系数时的磁场较低，是 $H_p = 4.0$ kOe，而对于另外 30 nm、25 nm 的两种薄膜，达到最大压磁系数时磁场分别是 $H_p = 4.8$ kOe 和 $H_p = 4.5$ kOe。

薄膜的磁致伸缩性能是由薄膜的磁化状态所决定，因此颗粒尺寸不同的薄膜其磁致伸缩性质出现的不同，可能来源于薄膜的磁化状态的改变，为此本书对不同尺寸团簇颗粒组装的薄膜进行了磁学性质表征。

5. 薄膜的磁学性质表征

图 4.14 是这三种不同尺寸团簇组装薄膜的磁滞回线。

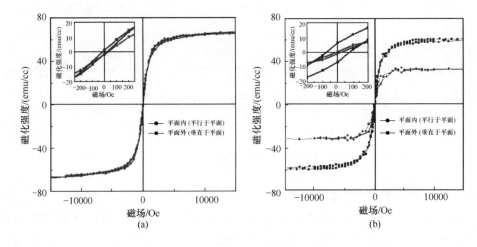

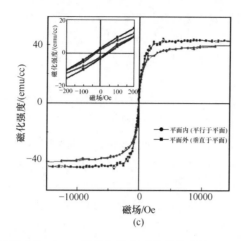

图 4.14　(a) 颗粒尺寸为 35 nm 团簇组装薄膜的磁化曲线；(b) 颗粒尺寸为 30 nm 团簇组装薄膜的磁化曲线；(c) 颗粒尺寸为 25 nm 团簇组装薄膜的磁化曲线

从图 4.14 可以看出，薄膜的磁各向异性与组装薄膜的团簇颗粒的尺寸相关。为了进一步详细说明团簇颗粒尺寸与磁各向异性之间的关系，我们画出了薄膜磁化的饱和磁场(SMF)和矫顽力与团簇颗粒尺寸之间的关系，如图 4.15 所示。从图中可以看到，随着团簇颗粒尺寸变化，薄膜面内方向和面外方向的饱和磁化强度发生了变化，而且矫顽力也发生了变化。在图中，对于团簇尺寸是 30 nm 的薄膜，在面内和面外饱和磁化强度和矫顽力的差距最大，因此薄膜显示出较强的面外方向的磁各向异性。然而，当颗粒尺寸增加到 35 nm 时，薄膜在面内和面外的饱和磁化强度和矫顽力几乎完全相同，也就是薄膜的磁各向异性几乎消失。当颗粒尺寸减少到 25 nm 时，薄膜在面内和面外的磁各向异性较 30nm 的薄膜大为降低。因此可以说这三种薄膜中存在着一个临界的尺寸——30 nm，在这个尺度下薄膜

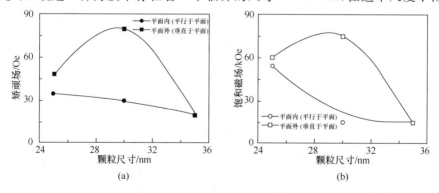

图 4.15　(a) 薄膜磁化的矫顽力与团簇颗粒的尺寸之间的关系示意图；
(b) 薄膜磁化的饱和磁场与团簇颗粒的尺寸之间的关系示意图

具有最高的磁各向异性,这个现象可以用 G. Herzer 的理论来解释[21]。也就是对于纳米颗粒的系统,随着纳米颗粒尺寸的增加,矫顽力和磁各向异性的值是一个先上升后下降的过程,也存在着一个临界尺寸,在这个尺寸下薄膜具有最大的矫顽力和磁各向异性。

从以上的性质表征我们可以看出,不同尺寸的纳米颗粒所组装薄膜其磁致伸缩性质的变化主要来源于磁各向异性和矫顽力的变化。已经被证实的是较低的磁各向异性和矫顽力是获得良好的低场磁致伸缩性能的关键[4]。以上关于薄膜磁化的表征也验证了对于不同尺寸纳米颗粒组装薄膜的磁致伸缩性质确实与矫顽力和磁各向异性相关。一方面,对于颗粒尺寸是 30 nm 的薄膜,与其他两种薄膜相比,具有更高的磁各向异性,对应的薄膜获得的饱和磁致伸缩磁场 $H_m = 6.4$ kOe,要高于其他两种薄膜,也就是说,对于颗粒尺寸是 30 nm 的薄膜获得饱和磁致伸缩系数更困难。另一方面,对于另外两种尺寸的颗粒薄膜(颗粒尺寸是 35 nm 和 25 nm),如果薄膜的磁各向异性程度降低,则薄膜达到饱和磁致伸缩时的磁场 H_m 也大大降低,与此同时,薄膜的低场磁致伸缩性能有所提高。因此,在实际应用中可以通过调节团簇颗粒的尺寸来实现对薄膜磁学性质的控制。更重要的是,通过改变团簇颗粒的尺寸,可以在纳米尺度下控制薄膜的磁致伸缩系数和压磁系数,而且团簇颗粒尺寸的控制工艺相对比较简单,易于实现。这种工艺为加速实现纳机电系统(nano-electro-mechanical systems)提供了一个可以期待的途径。

4.3　团簇组装的单相多铁性 $BiFeO_3$ 薄膜

多铁性材料由于具有丰富的物理背景以及巨大的应用前景,成为最近几年国际上凝聚态物理研究的一大热点。由于在这种材料中同时存在铁磁序和铁电序,从而使得利用电场改变材料的磁性或者利用磁场改变材料的电极化成为可能,这一现象就是所谓的磁电耦合效应。该效应是固体中电偶极矩对外磁场的响应和磁矩对外电场的响应。与那些只具备单一磁性和单一铁电性的材料相比,具有磁电效应的材料则展现出自己的独特优势。因为磁电耦合效应为器件提供了一个额外的自由度,通过磁场控制电极化以实现数据存储或者通过电场控制磁性的应用成为可能。除此之外,在多铁性材料中有关电序与磁序耦合的基本物理问题也十分丰富,因此,多铁性材料的结构、性能和应用引起了国内外学者的强烈关注。

从组成上来讲,多铁性材料可以分为两类:单相多铁性材料和压电/压磁复合材料。对磁电效应的研究最早可以追溯到 20 世纪 50 年代末,Landauhe 和 Lifshitz 从晶体的相变群论描述角度预言了磁电耦合项的存在,并在实验中为俄罗斯科学家证实[22,23]。第一个被发现的单相磁电材料是 Cr_2O_3,到目前为止,已经发现的单相磁电材料达到上百种并不断有新的材料体系被发现,它们几乎全部是复杂结构的氧化物,而且主要是以钙钛矿氧化物为主[24-29],到目前为止,尽管所研究的材料种类繁多,但是有望得到实际应用的材料却寥若晨星,这主要是由于材料本身存在如下问题:①材料的结构复杂,含有容易变价的离子,造成材料合成困难;②材料的居里温度较低,通常低于室温,并且其磁性转变温度较低,造成材料应用困难;③材料本身的磁电耦合效应比较小,能够观察到的磁电效应仅存在于磁性转变温度附近的很小的范围;④材料中变价的离子和挥发组分的存在,使得材料容易产生比较多的缺陷,造成材料较大的漏电流,从而限制磁电效应的获得。$BiFeO_3$ 无疑是单相磁电材料中最可能得到应用的材料之一,其主要优点就是合适的铁电居里温度和很高的磁性转变温度($T_N \sim 643$ K),从 2000 年起,世界范围内掀起了对 $BiFeO_3$ 的研究热潮,不同国家的研究小组对于 $BiFeO_3$ 陶瓷、薄膜进行了大量的研究,包括电学性质[30-33]、磁学性质[34,35]以及光学性质等[36,37]。虽然 $BiFeO_3$ 具有以上这些优点,然而在介观领域 $BiFeO_3$ 多铁性材料仍然存在着几个严重的问题制约着它的实际应用:①较大漏电流;②电极化不大;③较弱的铁磁性。尤其 $BiFeO_3$ 的弱铁磁性是一个限制磁电效应的严重问题。有关弱铁磁性的来源仍然存在着很大的争议,到目前为止还没有一个定论。因此,如何增加 $BiFeO_3$ 薄膜的磁性已经成为一个关乎 $BiFeO_3$ 薄膜能否在实际中应用的重要前提。

近年来,随着纳米科技的发展,作为纳米结构单元之一的原子团簇在科学技术中的应用潜力不断增大。其中,磁性纳米颗粒或团簇被认为是构建磁性存储器的最佳构建单元。以磁性纳米颗粒或团簇组装的纳米结构被认为是最有可能克服磁性存储器中超顺磁效应的一种手段。因此,磁性团簇一直都是国际上的研究热点,对于磁性团簇颗粒而言,其磁性表现出了一些有异于普通块体材料或原子的特性。例如,沉积在铂金表面的 Co 团簇颗粒表现出了十分巨大的轨道磁矩(达到了 $1.1\mu_B/atom$)[38]。磁性团簇的这些优异特性不断促进了这个领域的发展。

4.3.1　团簇组装的 $BiFeO_3$ 薄膜的制备

作者利用本实验室自行设计和研制的超高真空团簇束流系统(UHV-CBS)制备了纳米结构 $BiFeO_3$ 团簇颗粒薄膜。

从磁电薄膜的应用角度考虑,在制备薄膜时必然会遇到的问题是,电极和衬底的选取、制备及它们所带来的影响,薄膜淀积在衬底和底电极上,需要好的附着力;薄膜在高温环境中烧结时,电极和衬底材料必须能够承受高温冲击;不被氧化并保持良好的导电性;不能与淀积的薄膜发生明显的化学反应;还要防止氧的进入和衬底的扩散。而 Pt 金属由于它的导电性好(可做底电极)、化学性质稳定、高温热处理时不易氧化等特点,已作为铁电薄膜电极的首选材料。实验中我们选用 Pt/Ti/SiO_2/Si 做衬底。选取这种衬底的另外一个优点就是能够与半导体工艺互相兼容,同时可以直接应用在半导体工艺中的硅基器件之中。

　　根据不同的测试要求,选择不同规格的衬底。选择 10 mm×10 mm×0.45 mm
的正方形衬底,在这样的衬底上制备的薄膜用来测试薄膜的表面形貌和 X 射线衍
射(XRD);选择 4 mm×4 mm×0.45 mm 的正方形衬底,在这样的衬底上制备的
薄膜用来测试薄膜的磁学性质。

　　在生产和切割过程中,衬底表面会不可避免地沾染污渍,这会对薄膜的质量产
生较大的影响。因此,在制备薄膜之前,对衬底的预处理是必需的。我们在实验中
对衬底的预处理步骤很简单:首先,用丙酮超声清洗 10 分钟,以除去衬底表面的油
污;用酒精超声清洗 10 分钟,以除去衬底表面的灰尘及杂质;最后用去离子水超声
清洗 10 分钟,除去衬底表面残留的丙酮和其他离子杂质,洗净的衬底烘干备用。

　　实验中使用高纯的 $BiFeO_3$ 靶(99.99%)作为溅射靶材。由于溅射靶材是不
导电的,因此采用脉冲电源作为溅射电源,主要的工作条件见表 4.2。

表 4.2　$BiFeO_3$ 团簇薄膜的制备条件

本底真空	$2×10^{-5}$ Pa
溅射 Ar 气流量	60 sccm
缓冲 Ar 气流量	80 sccm
淀积速率	2 Å/s
电源占空比	60%

　　在系统真空达到 $2×10^{-5}$ Pa 时,通入 Ar 气(60 sccm)作为溅射气体,通入 Ar
气(80 sccm)作为缓冲气体,同时实验中一直用液氮冷却冷凝腔,薄膜生长速率用
膜厚监控仪(FTM-ⅢB)原位测得为 2 Å/s,通过控制薄膜淀积的时间来控制薄膜
的厚度。根据实验的不同要求,在不同规格的衬底上制备了 $BiFeO_3$ 纳米结构团
簇颗粒薄膜。实验制备的薄膜的厚度大约为 200 nm。

　　在制备了薄膜之后,对薄膜进行了退火热处理,其在氮气气氛下退火,氮气通
气速率为 2 L/min,氮气气氛下退火能最大限度地保证薄膜中的元素不被空气中
的氧气氧化,实验中采用在 700 ℃下保温 5 分钟的热处理。

4.3.2　$BiFeO_3$ 团簇薄膜的结构表征

　　团簇组装的 $BiFeO_3$ 纳米结构颗粒薄膜的 SEM 图像如图 4.16 所示。从图中
我们可以清楚地看到,薄膜是由形状规则的球型纳米颗粒紧密地堆积而成。纳米
颗粒之间均一分布并且紧紧地连接到一起,但是并没有发现纳米颗粒之间发生特
别强烈的聚合,纳米颗粒基本保持单分散性。退火前后的 $BiFeO_3$ 纳米颗粒的平
均尺寸分别是 22 nm 和 25.5 nm。

　　作者进一步统计了纳米颗粒的尺寸分布,图 4.16 中的内嵌图是纳米颗粒的统
计分布图,从图上可以清晰地看出,我们获得的团簇的尺寸符合对数-正态分布的

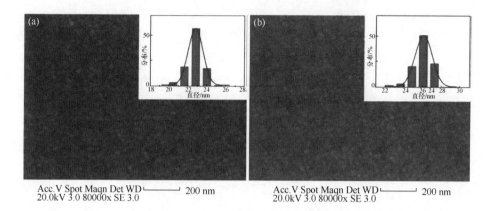

图 4.16　团簇组装的 $BiFeO_3$ 纳米结构颗粒薄膜的 SEM 图像

(a) 退火前；(b) 退火后

形式,且退火前后都满足这样一个分布规律。退火前 $BiFeO_3$ 球型纳米颗粒的尺寸分布在一个狭小区域,全部集中在 $18\sim26$ nm,其中尺寸为 22 nm 的颗粒数量占到了58%。同样,退火后的颗粒尺寸集中在 $22\sim30$ nm,其平均晶粒尺寸为 25.5 nm。显然,退火后的晶粒尺寸大于退火之前的晶粒尺寸,这是由于退火过程中结晶度的提高造成的。薄膜中纳米颗粒的这种分布均匀、尺寸规则的特性主要得益于该实验过程——低能团簇束流淀积,实际上团簇束流淀积时,团簇淀积到衬底时的能量是非常低的,团簇颗粒到衬底的平均动能要低于 50 meV/atom,而对于我们的系统而言,一般团簇淀积到衬底的切向速度小于法向速度的 1/50,所以,实际上团簇颗粒和衬底之间的碰撞是一种正碰。从而,团簇颗粒在衬底表面的切向动能远远小于表面的迁徙能(一般是 eV 量级),这样不容易发生团簇颗粒之间的大范围聚合。

团簇颗粒中,每个原子的动能低于 50 meV,远远小于原子的结合能(一般原子的结合能为 eV 量级),所以团簇入射到衬底上是不可能被击碎或者反射回去,而是立即被衬底吸附,因此这种淀积完全是一种软着陆(soft landing)。这也是我们的团簇淀积为低能淀积的原因所在。又因为团簇颗粒在衬底表面难于迁徙,因此这种团簇淀积基本上可以看成是一种随机堆垛的过程。这种随机堆垛淀积使颗粒之间不容易发生反应聚合,而且容易形成颗粒均匀单一的薄膜。这种低能团簇束流淀积为制备尺寸均匀的团簇颗粒薄膜奠定了坚实的基础。

图 4.17 是退火前后的团簇组装的纳米结构 $BiFeO_3$ 的 XRD 谱图,将 XRD 结果与标准峰比对,可知确实得到了晶体结构为钙钛矿型的多晶 $BiFeO_3$。可利用XRD 结果,通过谢乐公式来计算平均晶粒尺寸,谢乐公式如下所示:

$$D = \frac{K\lambda}{B\cos\theta} \tag{4.12}$$

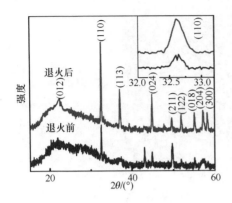

图 4.17　退火前后的 $BiFeO_3$ 的 XRD 衍射谱图,内嵌图为 $2\theta=32.6°$ 的放大图像

式中,D 表示晶粒尺寸;K 是谢乐常数;λ 是 X 射线的波长;θ 衍射角;B 是衍射峰的半高宽。利用此公式估算的退火前后的平均晶粒尺寸分别是 22 nm 和 25.5 nm,与 SEM 的结果一致。

此外,XRD 结果中没有杂峰出现,说明我们制得了单相的 $BiFeO_3$ 薄膜。值得注意的是,与退火前的 $BiFeO_3$ 和其他方法制备的 $BiFeO_3$ 相比,退火后的 $BiFeO_3$ 的(104)峰和(110)峰发生了融合,这表明 $BiFeO_3$ 在退火后发生了由三方晶系向四方晶系和正交晶系共存结构的转变。

退火前的 $BiFeO_3$ 的晶格常数为 $a=5.491$ Å,这一结果要小于其他方式制备的 $BiFeO_3$ 的晶格常数,说明此处发生了晶格畸变,造成了 $BiFeO_3$ 结构向着四方晶系转变[39-41]。和块体 $BiFeO_3$ 相比较,团簇组装 $BiFeO_3$ 纳米薄膜的晶体结构的对称性发生了降低。这种晶格畸变是由于团簇的尺寸效应所造成的,它破坏了 $BiFeO_3$ 的周期为 62 nm 的长程有序的摆线自旋结构,类似的结果在稀土离子掺杂的 $BiFeO_3$ 颗粒、陶瓷和薄膜中也有发现[39-42]。这种晶格畸变也将导致 $BiFeO_3$ 磁性的改变,这一结果将在下面讨论。

图 4.18 是退火前后的 $BiFeO_3$ 在室温下的拉曼散射光谱,我们将拉曼峰作了拟合,分为了若干个高斯峰。对于 $BiFeO_3$,其拉曼活性模式用下式表示[43,44]:

$$\Gamma=4A_1+9E \tag{4.13}$$

在图 4.18 中,经过分峰后我们观察到了 10 个峰位,分别是在 173.5 cm^{-1} 和 228.6 cm^{-1} 处,有 $A_1(2TO)$,$A_1(3TO)$ 两个与 Bi—O 键相关的声学模,在 264 cm^{-1},280 cm^{-1},334 cm^{-1},381 cm^{-1},422 cm^{-1},479 cm^{-1},551 cm^{-1},629 cm^{-1} 处,有 8 个 E 模式,这一结果是与其他报道中的 $BiFeO_3$ 的拉曼散射结果相一致的[45,46]。

此外,和退火前以及其他制备方式得到的 $BiFeO_3$ 相比[45],退火后的 $BiFeO_3$ 的 A_1 模式的峰位发生了蓝移,退火前 $BiFeO_3$ 的 $A_1(2TO)$ 和 $A_1(3TO)$ 模式的峰位分别是 172 cm^{-1} 和 216 cm^{-1},退火后是 173.5 cm^{-1} 和 228.6 cm^{-1}。这种峰位的蓝移主要是由于晶格常数的畸变所造成的,这也与 XRD 的结果相互印证。随着晶格常数的提高,Bi 离子中孤对电子的化学活性的降低,使得 Bi—O 键的键能发生了改变。

4.3.3　$BiFeO_3$ 团簇薄膜的铁磁性表征

分别在低温 5 K 和室温 300 K 条件下,表征了团簇组装的 $BiFeO_3$ 纳米薄膜的

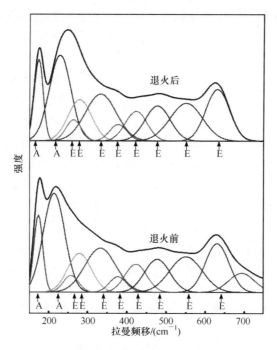

图 4.18　退火前后的 $BiFeO_3$ 的拉曼散射光谱

铁磁性。如图 4.19 所示,其中衬底所表现出的磁性行为已经被去除掉。显然,在低温和室温的条件下,都能观察到较为明显的铁磁性。尤其是 $BiFeO_3$ 的室温饱和磁化强度 M_s 达到了 108 emu/cc,可以和低温下的饱和磁化强度 125 emu/cc 相媲美。在 3000 Oe 的条件下,室温磁化强度达到了 81 emu/cc,这一结果要大于其他方式制备的 $BiFeO_3$ 薄膜[46-48]。

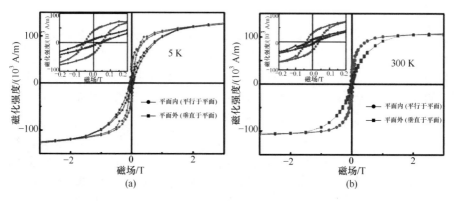

图 4.19　团簇组装的 $BiFeO_3$ 的铁磁性

(a) 低温铁磁性;(b)室温铁磁性

　　增强的室温铁磁性得益于我们这种独特的团簇组装技术制备的纳米结构薄膜。一方面,BiFeO₃ 的晶粒尺寸要小于 62 nm 的长程有序摆线自旋结构,因而破坏了这种周期性结构。由于团簇组装的尺寸效应,使得本来自旋相互补偿而不显示磁性的性质发生改变,BiFeO₃ 的晶体结构不再是两个自旋方向完全补偿抵消,从而使得铁磁性得到了增强[49]。反铁磁性材料的晶体结构被认为是两个自旋相反的亚晶格共同组成,如果不考虑自旋倾斜,这两个自旋相反的亚晶格相互抵消,从而使得 BiFeO₃ 宏观不显铁磁性[50]。然而,这种长程反铁磁序在晶粒表面处被频繁中断,造成表面处出现未完全抵消的表面自旋。对于团簇组装的 BiFeO₃ 纳米薄膜,其晶粒尺寸为 25.5 nm,比表面积较大,因而这种未完全抵消的表面自旋是大量存在的,从而增强了铁磁性。另一方面,从 XRD 和拉曼衍射谱图的结果可知,在团簇组装的纳米薄膜的尺寸效应下,BiFeO₃ 的晶格常数和晶体结构都发生了改变[51],因而使得摆线自旋结构中的潜在铁磁性得到了释放并且得到了增强。

　　值得注意的是,BiFeO₃ 在低温下表现出了磁各向异性,易磁化轴的方向平行于薄膜平面,面内和面外的矫顽场都是 1070 Oe。在室温下,薄膜表现出了更为明显的磁各向异性,易磁化轴也在面内,面内和面外的矫顽场分别是 750 Oe 和 400 Oe。

　　如此明显的室温磁各向异性来自于两个方面的原因。一方面,其得益于这种独特的团簇组装的纳米结构,22 nm 或 25.5 nm 尺寸的团簇颗粒被认为是单畴晶粒,其通过畴壁发生交互作用。由于团簇颗粒间的交互作用,使得不同颗粒中的单位磁化矢量近似平行排列,从而使得面内方向为易磁化轴[52]。事实上,晶粒表面处的磁性来自于晶格对称性的破坏,其被看作局部单轴各向异性。有效磁各向异性能用下式表示:

$$K_{eff} = K_v + \frac{K_s}{D} \tag{4.14}$$

式中,K_v 是体各向异性能量密度;K_s 是表面各向异性能量密度,其和晶粒尺寸有关;D 是晶粒的直径[53,54]。此处假定晶核和表面对整体的有效各向异性的贡献是各自独立的,利用上式,可通过 D 值来计算一些微粒系统的 K_{eff} 值[54]。因此,很容易理解晶粒尺寸为 25.5 nm 团簇组装的 BiFeO₃ 纳米薄膜的磁各向异性。

　　另一方面,磁各向异性也是和 BiFeO₃ 的残余应力有关的。在制备过程中,薄膜中形成了张应力,这样一种残余应力经常能导致面内磁各向异性的增强。然而,由于衬底与薄膜中不同的热膨胀系数,通过降低温度,薄膜中的残余应力能够被释放,于是低温下磁各向异性被抑制。此外,当提高温度时,表面各向异性能量密度提高了,也导致了更高的磁各向异性。其他研究表明可以通过控制尺寸和装配方式来调控铁磁性和磁各向异性[55],因此通过团簇来调控 BiFeO₃ 的铁磁性是可行的。

低能团簇束流淀积的 $BiFeO_3$，呈现出独特且良好的纳米结构，其分散的球形颗粒是均匀而致密地分布于衬底上。并且，团簇组装的 $BiFeO_3$ 的铁磁性得到了明显的增强，这主要是由于结构的转变和反平行自旋结构的改变。这项研究工作提供了一个可行的方式来增强 $BiFeO_3$ 的铁磁性。

4.4　纳米结构稀磁半导体团簇薄膜

铁磁性半导体已经在自旋电子学上得到了应用[56,57]，在量子计算设备中，自旋状态将被用来构造量子比特，从而理论上能够依靠自旋态的不同操控大量数据[58]。在非易失性记忆存储器的应用方面，铁磁性被用来存储长期的数据[59]。通过操控自旋状态，可以发展相较于操控电荷更为节能的记忆存储设备[60]。不久前，人们在稀磁半导体(dilute magnetic semiconductors，DMSs)中发现了铁磁性，从而引起了对此类材料的广泛研究[61]。DMSs 可用来制造自旋发光二极管[62-65]，自旋极化太阳能电池[66]以及磁光开关[67]等一系列新型器件，而获得室温铁磁性是实现这些设备的基本条件。

4.4.1　Co 掺杂 ZnO 纳米结构薄膜的铁磁性

ZnO 是一种宽带隙半导体，室温带隙宽度为 3.3 eV，其可作为蓝色发光材料[68]、氮化镓基设备的缓冲层[69]以及太阳能电池中的透明导电层[70,71]。ZnO 能通过不同种类的过渡金属掺杂而形成稀磁半导体(DMSs)。尽管纯 ZnO 是无磁性的，但是通过过渡金属元素掺杂可以使得其室温显铁磁性。理论上的工作已经证明了 Mn 掺杂 ZnO 的室温铁磁性存在的可能性[72]，这也是其应用于自旋子器件的一个重要的必备条件。如此广泛的应用范围，以及相关理论的进一步发展，使得关于 ZnO 在自旋子器件方面的应用研究现在成为了一个非常具有吸引力的研究领域[73]。

本节工作重点围绕 Co 掺杂 ZnO(Co-doped ZnO)纳米团簇薄膜表现出的较为显著的铁磁性来进行讨论，并以 Co 掺杂浓度分别为 2% 和 5% 作比较。

首先介绍我们制备 Co-doped-ZnO 纳米团簇薄膜的具体过程。利用第三代磁控溅射聚集源产生纳米团簇，将其淀积在 Si(110)衬底上制备而成。对于 Co-doped-ZnO 的合成，我们使用一个直径为 3 英寸，厚度为 5 mm 的 Zn 靶(纯度为99.995%)，将 Co 靶丸镶嵌在 Zn 靶的溅射区。为了获得 2% 和 5% 的两种不同的 Co 掺杂浓度，分别计算了 Co 和 Zn 的溅射速率，并且使 Co 靶丸的尺寸和数量不同，以便 Zn 和 Co 能以所需要的比率发生溅射。起初，让氩气入射到溅射靶材的表面区域，然后让氩气和氧气同时进入聚合管，从而增强了聚合管内部和外部的气压，以及沉积室的本底真空，气压从 10^{-8} Torr 分别提高到 1 Torr，10^{-3} Torr，10^{-6} Torr。Zn 靶被安装在溅镀枪的上面作为阴极，当能量施加在靶材上，靶材周围的氩气会被电离,这些电离后获得能量的氩离子会轰击 Zn-Co 靶材。含有少量 Co 原子的 Zn 原子被溅射而离开靶材,进入聚合管中,在这里被冷冻水冷却。Zn 和 Co 原子在氩气、氦气、氧气的气氛中运动,由于冷凝和氧化形成 Co-doped-ZnO 团簇。由于聚合管和沉积室气压的不同,这些团簇颗粒通过喷嘴(skimmer)离开聚合管进入沉积室中,然后被沉积在衬底表面上。

我们制备了 2% 和 5% 两种掺杂浓度的 Co 掺杂的 ZnO 纳米团簇薄膜,并且利用超导量子干涉仪、XRD、XPS 以及 AFM 等设备表征其性质。纳米团簇的平均晶粒尺寸为 7.5 nm。2% Co-doped-ZnO 薄膜在室温下表现出了明显的铁磁性,矫顽场是 5% ZnO 的 2 倍,而 5% 掺杂的 Co-doped-ZnO 在室温下也表现出了铁磁性。

AFM 图像表明团簇颗粒的尺寸是均匀分布的,但是其中观察到的大于 25 nm 的纳米颗粒横向尺寸可能是由于 AFM 的针尖的弯曲所造成的。因为针尖的半径比团簇颗粒的尺寸要大一倍,所以可以反映真实的表面形貌。因此,采用这个团簇薄膜的断面图像能更准确地反映其颗粒尺寸的大小。在 Si 衬底上淀积了一层团簇颗粒,观察到 Co-doped-ZnO 团簇薄膜的平均颗粒尺寸是在 8.1 nm 左右。而对于 XRD、SQUID 等测试,则通过控制淀积时间和淀积速率,得到了厚度为 55 nm 的薄膜。

图 4.20 是 5% Co-doped-ZnO 纳米团簇薄膜的 XRD 谱图。通过 XRD 数据的谱线宽度,可以得到其平均晶粒尺寸为 7.5 nm,这与从 AFM 数据得到的结果是极为近似的。XRD 结果表明得到了高度结晶化的纤锌矿型 Co-doped-ZnO 纳米团簇薄膜,并没有 Co 或者 CoO 的峰位出现,此 XRD 结果的峰位与块体 ZnO 的 XRD 谱图的结果是一致的。这也就意味着 Co 或者 CoO 取代了 ZnO 晶体结构中的晶格点阵处的原子位置,形成了固溶体[74]。

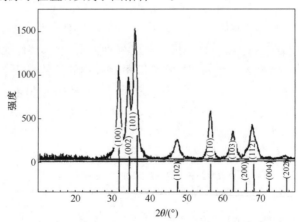

图 4.20　5% Co-doped-ZnO 纳米团簇薄膜的 XRD 谱图

从 XRD 结果中不能看出 Co 元素的存在与否,为了证明 Co-doped-ZnO 纳米团簇中的 Co 元素的存在,我们对其进行了 XPS 分析。图 4.21 是 XPS 结果,通过计算分析,得到 2%Co-doped-ZnO 的原子组成百分比为:Co=0.8,C=9.12,O=42.64,Zn=46.89;5%Co-doped-ZnO 的原子组成百分比为:Co=1.87,C=11.93,O=46.31,Zn=39.42。可以看出,5%Co-doped-ZnO 含有 1.87% 的 Co 元素,而 2%Co-doped-ZnO 有 0.8% 的 Co 元素。Co 掺杂浓度的不同导致了纳米薄膜的磁学性质的差异,这将会在下面讨论。还可看出,Zn $2p_{3/2}$ 的峰值为 1022.5 eV,然而块体材料为 1021.7 eV,而 C 峰则来自于背景。

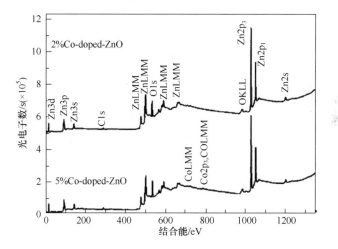

图 4.21　2% 和 5% Co-doped-ZnO 纳米团簇薄膜的 XPS 谱图
各原子比例为:(1)2%:Co=0.8,C=9.12,O=42.64,Zn=46.89;
(2)5%:Co=1.87,C=11.93,O=46.31,Zn=39.42

对 2% 和 5%Co-doped-ZnO 纳米团簇薄膜进行了从低温 5 K 到室温 300 K 的铁磁性测试。图 4.22 是 5%Co-doped-ZnO 在室温 300 K 下的磁滞回线,它的矫顽场是在所有的磁性测试结果中最低的,图 4.23 为两种掺杂方式 Co-doped-ZnO 纳米团簇薄膜的矫顽场 H_c 与温度的对应关系,从对其铁磁性表征中,可以看出两种薄膜都表现出了显著的铁磁性。在所有的温度条件下,2%Co-doped-ZnO 纳米团簇薄膜的铁磁性要强于 5%Co-doped-ZnO,矫顽场是 5%Co-doped-ZnO 的 2 倍。从 XPS 的结果中可以看出,2%Co-doped-ZnO 薄膜的 Co 元素是更容易进入 ZnO 的晶体点阵中,因而其能表现出更强的铁磁性。

从图 4.23 中还可看出,5%Co-doped-ZnO 纳米团簇薄膜在低温 5 K 下的矫顽场是 109 Oe,2% 掺杂的是 239 Oe,然而室温 300 K 时,分别是 34 Oe 和 73 Oe,随温度升高,矫顽场降低。5%Co-doped-ZnO 的剩余磁化强度,在 5 K 时要大于 300 K 的情况,5 K 时是 1.03×10^{-5} emu,300 K 时是 3.66×10^{-6} emu。至于 2%Co-

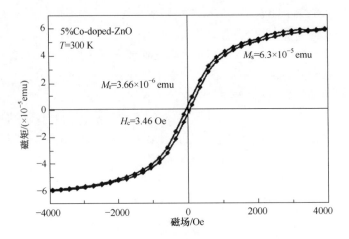

图 4.22　5％Co-doped-ZnO 纳米团簇薄膜的室温磁滞回线

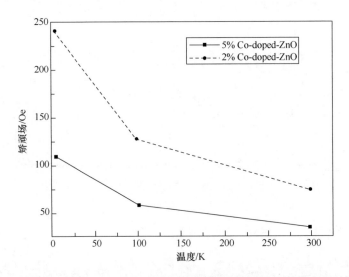

图 4.23　2％和 5％Co-doped-ZnO 纳米团簇薄膜的矫顽场 H_c 随温度的变化曲线

doped-ZnO,其剩余磁化强度在 5 K 和 300 K 时无明显的变化,5 K 时为 3.55×10^{-5} emu,300 K 下是 4.5×10^{-5} emu。以上的数据表明了磁性的变化是和过渡金属的掺杂浓度有关的。可见,合适的掺杂浓度对制备铁磁性稀磁半导体是至关重要的。

4.4.2　Ti 掺杂 ZnO 纳米结构薄膜的铁磁性

在本节的工作中,研究了 Ti(四价)掺杂浓度为 5％的 ZnO(5％Ti-doped-ZnO)纳米团簇薄膜的制备和性质,其表现出了室温铁磁性和较高的居里温度。

无磁性的 Ti 原子以浓度为 5％的形式被掺杂到 ZnO 中,其中 Ti 表现为正四价,在氧气气氛中形成了 5％Ti-doped-ZnO 纳米团簇薄膜,并观察到了铁磁性。综合高压磁控溅射和聚集技术而发展成的高压磁控溅射聚集源,利用此设备制备了5％Ti-doped-ZnO 纳米团簇薄膜。使用 TEM 和 HRTEM 分析样品的表面形貌,XRD 分析相结构和晶粒尺寸,XPS 分析 Ti 的价态,SQUID 分析其铁磁性。在一系列的温度条件下表征其铁磁性,发现随着温度的升高,样品的矫顽场是以指数形式降低的。在制备方法上,5％Ti-doped-ZnO 纳米团簇薄膜的制备过程与 Co-doped-ZnO 纳米团簇薄膜是一致的,在此不作赘述,仅说明其结构、成分、铁磁性的表征结果。

图 4.24(a)是 5％Ti-doped-ZnO 纳米团簇薄膜的 LRTEM 图像,可以看出得到了均匀分散的纳米薄膜结构;图 4.24(b)是 HRTEM 图像,能够发现纳米团簇的尺寸大约是 10 nm。

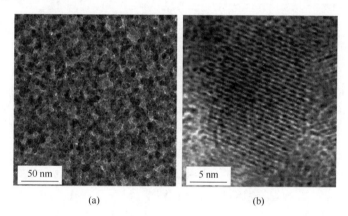

(a)　　　　　　　　　　　　　(b)

图 4.24　(a)5％Ti-doped-ZnO 纳米团簇薄膜的低分辨率透射电子显微镜(LRTEM)图像;
(b)5％Ti-doped-ZnO 纳米团簇薄膜的高分辨率透射电子显微镜(HRTEM)图像

利用 XRD 谱图来分析 5％Ti-doped-ZnO 纳米团簇薄膜的晶体结构。图 4.25是其 XRD 衍射谱图,如图中竖线标定的峰位所示,可以看出此纳米团簇薄膜和块体 ZnO 的 XRD 结果是相同的。除了 5％Ti-doped-ZnO 的峰位之外,其他的杂峰并没有出现,表明我们得到了单相的晶体。

利用谢乐公式,可以计算得到 5％Ti-doped-ZnO 纳米团簇的晶粒尺寸,为(11 ± 1.0) nm。5％Ti-doped-ZnO 纳米薄膜的晶体结构为密排六方结构(hcp),晶格常数为 $a=3.253, c=5.213$,这一结果和块体 ZnO 的晶格常数相比有微小的差异;块体 ZnO 的晶格常数为 $a=3.2498, c=5.2066$。晶格常数的改变是由于应力作用的存在所造成的,这种应力来源于两个方面:一是 Ti 原子取代 Zn 原子引起的;二是较大的比表面积使得纳米团簇的表面出现了大量的缺陷,从而产生应力作

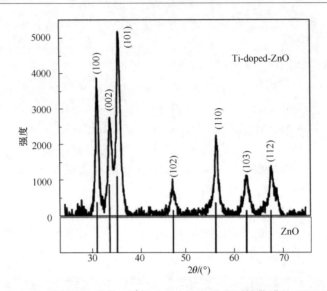

图 4.25　扣除背景之后的 5％ Ti-doped-ZnO 纳米团簇薄膜的 XRD 图像

用。从图 4.25 中也可看出纳米团簇薄膜是多晶的,这是由于大量单晶 5％ Ti-doped-ZnO 纳米团簇的随机取向所造成的。

为了判断 5％ Ti-doped-ZnO 纳米团簇薄膜的元素组成及价态,对其进行了 XPS 表征。以氩离子(Ar^+)溅射团簇薄膜的表面,来分析团簇内部的 Ti 原子。图 4.26 表示在用 Ar^+ 溅射前后的纳米团簇薄膜的原理图。从图中可看出,溅射能够劈开纳米团簇,从而可以分辨其内部元素的氧化状态。XPS 分析表明 Ti、Zn、O_2 的存在。图 4.27(a)是全谱扫描 XPS 数据,(b)是 Ti 2p 窄谱扫描的图像,其峰值能量为 459.4 eV,此能量恰好也是 TiO_2 的结合能。在用 Ar^+ 溅射之前,此结合能为 459.6 eV,两者近乎相等,表明薄膜表面处和内部的 Ti 元素都是以四价形式存在的。因此,可以看出是四价 Ti 取代了二价 Zn,形成了掺杂浓度为 5％ 的 Ti-

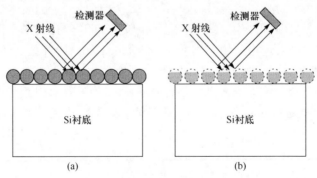

图 4.26　XPS 测试的原理图

(a) 用 Ar^+ 溅射之前;(b) 用 Ar^+ 溅射之后

doped-ZnO 纳米团簇薄膜固溶体,其中四价 Ti 能为 5%Ti-doped-ZnO 半导体纳米团簇提供空穴载流子。

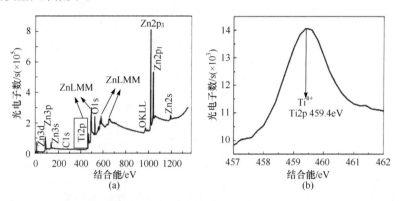

图 4.27　(a)全谱扫描 XPS 数据;(b)5%Ti-doped-ZnO 纳米团簇薄膜中的 Ti 元素的窄谱扫描

　　对 5%Ti-doped-ZnO 纳米团簇薄膜进行了不同温度下的磁性测试,图 4.28 是在低温 5 K 下的磁滞回线,右下角的内嵌图是 300 K 下的磁滞回线。对样品从 5 K 到 300 K 温度范围内进行了磁滞回线的表征,并且确定了其矫顽场、剩余磁化强度以及饱和磁化强度。5 K 下的 M_s 是 $0.23\mu_B/\text{Ti}$, 300 K 下是 $0.15\mu_B/\text{Ti}$。图 4.29 表明随着温度的升高,矫顽场是不断降低的。在 5 K 时,矫顽场是 204.76 Oe。随温度的升高,矫顽场降低的现象是热扰动造成的磁化方向翻转的结果。

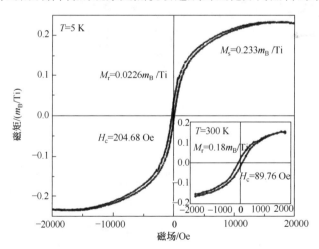

图 4.28　5%Ti-doped-ZnO 纳米团簇薄膜在低温 5 K 下的
磁滞回线,右下角的内嵌图为室温 300 K 时的磁滞回线

　　从图 4.29 中还可看出,在 100~300 K 的温度变化范围内,矫顽场的变化是很小的。通常情况下,随着温度的升高,铁磁性会发生降低,因为温度提高了热能,阻

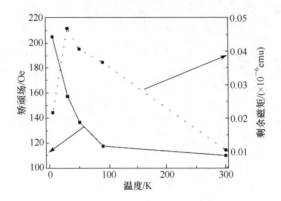

图 4.29　矫顽场 H_c 和剩余磁化强度 M_r 随温度变化的曲线

碍了自旋排列[75]。铁磁性的来源有一系列的原因,界面处的缺陷捕获是其中的原因之一[76]。由于过渡金属具有未填满的 d 电子壳层,它们之间不会形成最近邻原子对,因此间接的铁磁性耦合掩盖了直接的反铁磁耦合,从而导致了铁磁性,此时传导电子提供了铁磁性耦合的必要条件,因此利用 Ti 掺杂的 ZnO 能够表现出铁磁性[77]。此处所表现出的铁磁性是和 Sc^{3+} 掺杂 ZnO 相类似的[78],+4 价的 Ti 导致了 $3d^0$ 状态的存在。

　　图 4.30 是 5%Ti-doped-ZnO 纳米团簇薄膜的 ZFC-FC(零场冷-场冷)曲线,测试温度为 5~400 K,外加磁场为 50 Oe。在 400 K 时,两条曲线发生了重合,此外,从图 4.30 中能看出,纳米团簇薄膜的铁磁性在 300 K 时也是存在的。因此,可以推断 5%Ti-doped-ZnO 纳米团簇薄膜的居里温度能达到 400 K 以上。

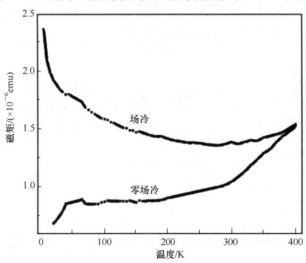

图 4.30　5~400 K 的温度范围内的 5%Ti-doped-ZnO 纳米团
簇薄膜的 ZFC-FC(零场冷-场冷)曲线,外加磁场为 50 Oe

4.4.3　团簇组装氧化铬纳米结构薄膜的铁磁性

氧化铬因其在自旋电子学异质结方面的应用前景,在不久前引起了人们的广泛兴趣。氧化铬是一种铁磁性氧化物,可作为室温下的半金属铁磁材料。并且具有半金属的能带结构,可在费米能级上完全自旋极化[79-81],这使得其在磁电设备中可作为一种性能良好的磁性组件,能够产生较大的自旋极化,诸如磁隧道结和自旋阀。

然而,在通常情况下,氧化铬为一种不稳定的 Cr-O 相存在的状态,并且其铁磁性对于 Cr、O 的化学计量比的变化是极敏感的。在标准大气压下,加热 CrO_2,其极容易转变成 Cr_2O_3。这样一种亚稳态使得氧化铬的制备极为困难,因此需要发展一种新的方式来制备氧化铬。高压热分解法已经被产业化,用来生产微米量级的氧化铬针粉。化学气相沉积(CVD)在 20 世纪 70 年代被发明,至今仍是最有效的制备氧化铬外延薄膜的技术[82,83],但是利用分子束外延和溅射方法制备氧化铬薄膜被证明是不可行的[84]。因此,发展低温制备氧化铬薄膜技术仍然是一大挑战[85],而这对于其在设备中的应用是极为重要的。

气相纳米团簇的合成和淀积技术为制备新奇纳米尺度的材料提供了一个极具前景的方式。其能够严格控制材料的相结构和化学组分等物理化学性质[86]。之前的研究表明可以通过控制激光烧融团簇源形成团簇的条件来产生两种不同类的稳定的 Cr_nO_m 团簇[87]。当形成的亚化学计量的团簇又被氧化时,便能够得到 Cr_nO_{2n+2} 系列氧化物,通过从头计算(ab initio calculations)可以预测到 Cr_nO_{2n+2} 团簇是铁磁性的。然而在能量过高的情况下,会产生 Cr_nO_{3n} 团簇系列氧化物。

在本节的工作中,在室温真空环境中淀积得到了致密的氧化铬纳米团簇薄膜。利用磁控等离子体聚集源产生团簇颗粒,引入氩气和氧气的混合气体作为缓冲气体。和块体 CrO_2 类似,在一个较宽的温度范围内观察到了氧化铬团簇薄膜的磁滞回线。这种铁磁性的出现要归因于纳米尺度的 CrO_2 团簇的存在。本工作展示了在高真空和低温条件下,一种较为简单的制备氧化铬纳米团簇铁磁性薄膜的方式。

通过磁控等离子体聚集源产生气相团簇,使用液氮冷却的聚合管来控制磁控管放电过程。纯度为 99.99% 的氩气流通过一个环状结构被导入到接近 Cr 靶材的表面附近,维持放电,另一束混合了少量氧气的氩气流作为缓冲气体则会通过一个接近磁控放电头的进气口,压强恒定为 200 Pa,氧气比例为 2%。从 Cr 靶材中被溅射出的原子发生聚集形成团簇。在这期间,带电粒子需要较高动能并与中性气体分子发生碰撞,从而形成活性反应组分,因此 Cr 团簇能够被充分氧化。为了避免伴随着直流反应溅射的强烈的弧光放电作用,直流脉冲的频率设定为 30 kHz,占空比为 0.8。Cr 团簇被气流带出聚合管进入到真空室中,然后继续通过一个喷嘴(skimmer)进入到压强为 10^{-7} Torr 的高真空室中,淀积在衬底表面上。其中淀积速率为 1 Å/s,利用一个石英晶体微量天平实时检测淀积速率,放电功率设定为 90 W。

　　通过上述制备过程,得到了铁磁性氧化铬纳米团簇薄膜,表现出了和块体 CrO_2 类似的磁滞回线。此外,氧化铬薄膜具有致密的纳米颗粒聚集的表面形貌,其能够应用于纳米磁学方面。

　　图 4.31(a)是在较短的时间内淀积在非晶碳膜上的低覆盖率团簇颗粒的 TEM 图像,能够看出,近似球形的纳米团簇颗粒的尺寸在几个纳米到 20 nm 之间,它们之间没有聚集现象,仅仅是发生了凝结。其中最小的颗粒直径是 2 nm,这也许是原始气相团簇的尺寸。选择区域电子衍射并没有得到可分辨的衍射环,表明纳米颗粒是非晶的,也就是说并没有得到类似块体的晶体结构。图 4.31(b)是淀积在石英玻璃片上的纳米团簇薄膜的 AFM 图像。能够观察到纳米颗粒分布较为致密,形成了均匀的连续膜,但是每一个纳米颗粒都是清晰可辨的。

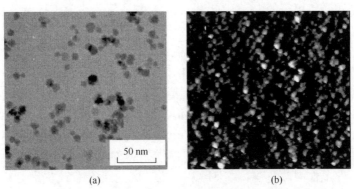

(a)　　　　　　　　　　　　　　　(b)

图 4.31　(a)在较短的时间内淀积在非晶碳膜上的低覆盖率团簇颗粒的 TEM(透射电子显微镜)图像;(b)淀积在石英玻璃片上的氧化铬纳米团簇薄膜的 AFM(原子力显微镜)图像,尺寸为 1600 nm×1600 nm

　　为了分析氧化铬纳米团簇薄膜的氧化状态,对其进行了 XPS 表征。图 4.32 是氧化铬薄膜中的 Cr 2p 芯态能级的光电效应数据。Cr $2p_{3/2}$ 芯态能级的结合能是 576.5 eV,相对来看,在同样条件下淀积的未被氧化的金属铬中的结合能为 574.1 eV,其发生了一个化学位移。图 4.32 表明在被 Ar^+ 溅射清洗之后,其光电效应数据没有发生改变,表明纳米颗粒已经完全被氧化。然而,Cr $2p_{3/2}$ 芯态能级的峰位是介于 Cr_2O_3 的 576.8 eV 和 CrO_2 的 576.3 eV 之间。这两种氧化状态之间的结合能相差无几,因此无法从 XPS 的数据中区分 Cr_2O_3 和 CrO_2。

　　为了进一步探究氧化铬的相结构,对氧化铬纳米团簇薄膜进行了微拉曼衍射表征。如图 4.33 所示,拉曼光谱中 695 cm^{-1} 拉曼频移处,CrO_2 的 B_{2g} 模式峰强是

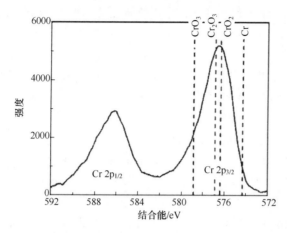

图 4.32　纳米团簇组装的氧化铬 Cr 2p 芯态能级的 XPS 谱图

极为显著的。由于非晶氧化铬的存在,这个峰是较宽的。此外,291 cm^{-1}、335 cm^{-1} 和 540 cm^{-1} 处的峰与 Cr_2O_3 的拉曼模式相匹配,和块体 Cr_2O_3 晶体相比较,其峰位发生了 15 cm^{-1} 的红移。这样一种红移现象是在晶粒尺寸为 10 nm 的纯非晶 Cr_2O_3 粉末中被发现的[88]。尽管 Cr_2O_3 在 540 cm^{-1} 处的最强峰 A_{1g} 的强度可以和 CrO_2 的 B_{2g} 峰的强度相比拟,但无法从峰强的比例来判断 CrO_2 的相对含量,因为诸如在表面处,有可能发生 $2CrO_2 \longrightarrow Cr_2O_3 + 1/2O_2$ 这种反应,因而改变了表面处的化学成分,而拉曼光谱仅仅对样品的表面敏感。尽管如此,仍可以判断出 Cr_2O_3 并不是氧化铬纳米团簇薄膜的主要成分。

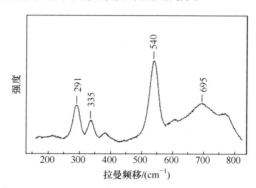

图 4.33　氧化铬纳米团簇薄膜的拉曼光谱

　　使用 SQUID(超导量子干涉仪)对氧化铬纳米团簇薄膜进行磁性测试,表征了其在一系列温度下的铁磁性,外加磁场为 10 kOe,膜厚为 1000 Å。图 4.34 中的内嵌图为其在低温 5 K 下的磁滞回线,从中可以观察到平缓变化近似圆滑的磁滞回线,这一结果和纳米薄膜的球形纳米颗粒的方向随机性有关。还能看出其获得了部分剩余磁化,其剩余磁化强度和饱和磁化强度之比为 0.25,与多晶 CrO_2 块体的结果是类似的[81,89]。在 5 K 下,其矫顽场 H_c 为 168 Oe,低于前面提到的商业化的针形 CrO_2 粉末的 800~1000 Oe[90],但是要远大于多晶 CrO_2 薄膜的 40 Oe[81]。这个商业化的 CrO_2 粉末的长宽比为 7:1 或者更大,如此大的形状各向异性导致了较高的矫顽场[91]。在本工作制备的氧化铬纳米团簇薄膜中,其中的纳米颗粒近似球形,以至于各向异性对矫顽场的贡献是很小的,这里出现的较大的矫顽场,其主要来源于小尺寸的纳米颗粒的单畴行为。

从图 4.34 中可看出其在 5 K 下的饱和磁化强度为 98 emu/cm^3。如果利用块体 CrO_2 的密度进行计算,可得到其饱和磁化强度为 20 emu/g,远小于理论计算值 133 emu/g,但与每个 Cr 离子的 $2\mu_B$ 值是一致的。然而,考虑到纳米颗粒薄膜自身的孔洞的存在,可知其密度要小于块体氧化铬,因此每单位质量的饱和磁化强度明显是被低估的。这个 Cr_2O_3 成分的存在可能也导致了饱和磁化强度的实测值要低于理论值。然而,正如前面所讨论的,Cr_2O_3 的含量并不占主要成分。另一方面,相较于块体氧化铬的饱和磁化强度值,表面态的存在也可能降低了氧化铬纳米颗粒的磁化强度[91]。

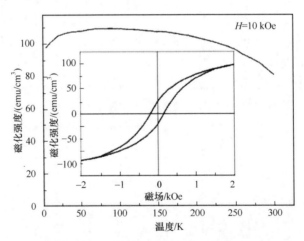

图 4.34　氧化铬纳米团簇薄膜的温度与饱和磁化强度关系曲线,
外加磁场为 10 kOe,内嵌图为 5 K 时的磁滞回线

正如图 4.34 所示,在 10 kOe 的外磁场作用下,温度与饱和磁化强度的关系曲线已经具有了铁磁性薄膜的特征。然而,和预期的多晶 CrO_2 薄膜相比,磁化强度降低的速度是更慢的。在室温下,归一化的 $M(T)/M(0)$ 要比原先用 CVD 法制备的 CrO_2 外延薄膜高 10%~20%[92]。此处所测到的饱和磁化强度可能还包括在 Cr_2O_3 的尼尔温度(~307 K)之下,其反铁磁性的贡献。因为在较高的外加磁场下反铁磁性物质能表现出超反铁磁性,所以对于反铁磁性 Cr_2O_3 的纳米颗粒来说,

其对磁化强度的贡献是被增强的。从图上还可看出,在室温附近,磁化强度出现了突然的大幅度降低。从温度−磁化强度曲线外推得到氧化铬纳米团簇薄膜的居里温度大约是 400 K,与 CrO_2 的居里温度一致。另一方面,样品的磁化强度反映了其铁磁性至少在 0~150 K 的一个较宽的温度范围内都是存在的。对于一般的磁性纳米颗粒而言,这一温度要远高于块体的温度,在此温度下,由于超顺磁性的存在,其磁化曲线将会不表现出磁滞回线的形式。

CrO_2 是所有铬的氧化物中唯一的铁磁相氧化物,因而认为该工作中制备的氧化铬纳米团簇颗粒的铁磁性来自于 CrO_2。通过控制亚化学计量氧化物的产生和随后的流体控制反应,能在等离子体聚集过程中实现对 CrO_2 团簇的生长条件的调控,这是和 Bergeron 的激光烧蚀实验步骤相类似的[87]。在本工作的团簇源中,由于氩气对于靶材表面的轰击,使得在靶材附近产生了氧缺陷,引起了亚化学剂量的氧化铬团簇的成核过程。与此同时,氩气和氧气混合气体的缓冲气流使得在远离靶材表面的地方产生了富氧条件,在这里有一些小的核形成更大的团簇,并且通过在富氧条件下反应,进而完全氧化。通过此过程,得到了铁磁性 Cr_nO_{2n+2} 团簇。

本工作利用反应磁控等离子体气体聚集源,在高真空和室温的条件下制备了表面平整的氧化铬纳米团簇薄膜,其颗粒呈致密均匀的球形。并且得到了一个类似于多晶块体 CrO_2 的磁滞回线,其矫顽场要大于块体,为 168 Oe,这一铁磁性的提高要归因于纳米尺度 CrO_2 成分的存在。

4.5　荷能团簇淀积 Co 纳米薄膜

低能团簇束流淀积是制备团簇组装纳米结构的常用方法,根据 H. Haberland 的理论[93,94],当团簇平均原子动能远远小于原子结合能的时候(约 0.1 eV/atom),团簇淀积到原子表面是一个接近于“软着陆”(soft-landing)的过程,团簇将保持对于其原有内部原子结构的“记忆”,这一能量区间的团簇淀积可以进行选择良好的团簇的纳米结构组装和淀积制备。而当团簇的平均原子动能明显大于团簇的内部原子结合能的时候(约 10 eV/atom),团簇的结构将被彻底粉碎,粉碎后形成的小碎片和大量的原子将以团簇淀积点为中心向四周高速扩散,逐渐冷却或者遇到阻挡的原子才停下来,这一过程中从微观角度来看,处于凸起点的原子将在扩散中处于较高的化学势,这些原子将向处于凹点的位置扩散,从整体上形成一种 downhill 抹平效应[95],这使得高能淀积的团簇纳米薄膜表面非常平整,甚至达到原子级。但是当原子平均动能接近于结合能的时候(约为几个电子伏/原子),这一理论给出了一个中间的结果,就是团簇不会彻底地碎裂,但也会影响到纳米薄膜的微结构和它的性质。图 4.35 具体给出了不同能量区间的 Mo_{1043} 团簇淀积过程的示意图[94]。本节中结合 Co 团簇薄膜这个实例，通过对比低能团簇束流淀积和在几个电子伏/原子这个能量范围内的荷能团簇束流淀积所制备的薄膜的微结构及磁性的研究来初步分析荷能淀积对薄膜性质和结构的影响。

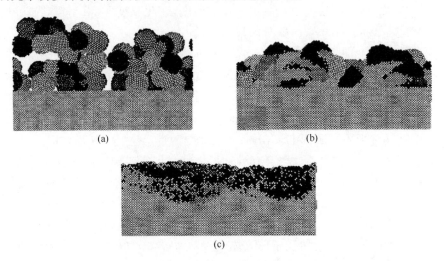

(a)　　　　　　　　　　　　　　　(b)

(c)

图 4.35　不同能量区间 Mo_{1043} 团簇淀积过程示意图

(a) 0.1 eV/atom；(b) 1 eV/atom；(c) 10 eV/atom

4.5.1　Co 团簇薄膜的制备

在现代信息社会中，利用磁学方法和技术来进行各种信息的转换、记录、存储和传递的技术可称为磁信息技术。磁信息技术所应用的各种磁性材料，例如，将电信号和磁场信号相互转换的磁头材料，以及将磁场信号转为存储磁性信息的磁记录材料等统称为磁信息材料。纳米金属磁性微粒由于尺寸小，具有单磁畴结构、矫顽力很高的特点，用它制作磁信息材料可以提高信噪比，改善图像质量；同时纳米磁性金属材料还具有耐磨损、抗腐蚀等优异的力学和化学性质[96]。因此，金属磁性纳米颗粒体作为一种具有潜在应用价值的高密度信息介质日益受到人们的关注。而铁系金属（Fe、Co、Ni）纳米材料由于其特殊的磁学、光学、电学等性质一直是研究最为广泛的材料之一。在这三种金属当中，Co 由于具有多相的结构和高的磁晶各向异性等独特的物理化学性质而更具应用价值[97]。钴纳米颗粒在催化、传导、永磁材料、磁流体、磁记录、磁存储等领域都有着非常广泛的应用前景[98]。

本节中包括两个实验：一个是利用低能团簇束流淀积制备 Co 团簇纳米颗粒

薄膜；另一个是在 UHV-CBS 中设置了一组平板电极对团簇束流进行加速，从而利用荷能团簇束流淀积制备 Co 团簇纳米颗粒薄膜。

1. 低能淀积 Co 团簇纳米薄膜

在实验中选取具有(100)晶格取向的单晶硅(Si)作为衬底，对衬底分别使用丙酮、酒精、去离子水超声振荡，进行清洗。洗净的衬底烘干后固定在 UHV-CBS 的衬底座上。实验中使用高纯的 Co 靶(99.99%)作为溅射靶材。系统本底真空保持在 4×10^{-5} Pa。同时实验中一直用液氮冷却冷凝腔，薄膜生长速率用膜厚监控仪(FTM-ⅢB)原位测得，通过控制薄膜淀积的时间来控制薄膜的厚度。利用直流电源作为溅射电源，溅射功率为 80 W 左右，主要的工作条件见表 4.3。

表 4.3　Co 团簇薄膜的制备条件

本底真空	4×10^{-5} Pa
溅射气体流量	100 sccm
缓冲气体流量	40 sccm
溅射电压	400 V
溅射电流	0.2 A
淀积速率	1.5 Å/s

在以上的工作条件下，利用低能团簇束流淀积制备了 Co 团簇颗粒薄膜。

2. 荷能淀积 Co 团簇纳米薄膜

在制备荷能团簇组装的纳米结构薄膜时，仍然采用相同的实验条件和工艺参数。由于部分团簇是离化的，因此带有电荷，在电场中可以进行加速。因此，在实验中直接采用了在 UHV-CBS 系统中设置一组偏转和加速电极对团簇束流进行加速淀积，工作方式如图 4.36 所示，当带有电荷的团簇进入到加速电场后就被加速淀积到衬底上，从而达到荷能淀积的目的。根据电场理论，可以通过改变两个电极之间的电压来控制团簇淀积的能量，在本实验中我们施加了 10 kV 的电压，从而淀积到衬底上团簇的能量为几个电子伏/原子，得到荷能团簇淀积的纳米结构薄膜。

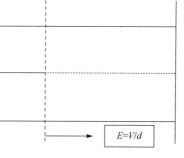

图 4.36　加速偏转电极的
运行原理示意图

4.5.2　淀积薄膜的性质表征

1. Co 团簇纳米薄膜的微结构表征

图 4.37(a)、(b)分别是低能团簇束流淀积和荷能团簇淀积制备的 Co 团簇纳米结构薄膜 SEM 图谱。从图中可以看到,对于低能团簇束流淀积,由于团簇束流是以较低的能量淀积在衬底上,因此,纳米团簇是以"软着陆"的方式随机地堆垛到衬底上,所以团簇颗粒的尺寸比较均匀并且呈均匀的单分散性,颗粒之间没有发生明显的聚合或团聚;但是对于荷能团簇淀积来说,虽然团簇颗粒没有发生碎裂的状况,但是纳米薄膜的微结构却发生了明显的变化,团簇颗粒不是均匀地分布,而是出现了少量的聚合现象。这种分布主要是由于荷能团簇沉积在衬底上时,由于具有一定能量,碰撞产生的热量会对颗粒产生局域退火作用,进而束缚了团簇颗粒在衬底上的随机迁徙,从而团簇颗粒产生了一定的钉扎效应。因此,团簇颗粒不再是随机地堆垛成比较均一的薄膜,而是出现了颗粒间的聚合,形成了图 4.37(b)中的形貌。

图 4.37　Co 团簇纳米薄膜的 SEM 图谱

2. Co 团簇纳米薄膜的 XRD 表征

为了进一步研究能量对团簇淀积过程的影响,分别研究了低能团簇束流淀积和荷能团簇束流淀积的相结构,图 4.38 就是 Co 团簇淀积纳米结构薄膜的 XRD 图谱,其中,(a)是低能团簇束流淀积,(b)是荷能团簇束流淀积。从图中可以看出,对于低能团簇束流淀积,没有 Co 对应的峰出现,说明制备的 Co 团簇主要是非晶的,由于 Co 金属在空气中容易发生氧化反应,因此在薄膜的表面出现了 CoO,对应地出现了两个比较明显的 CoO 的扩展峰;而对于荷能团簇束流淀积,从 XRD 图谱可以看出,出现了一个非常明显的扩展峰,峰的中心位置和 Co 的 XRD 峰位是吻合的,说明在荷能团簇淀积的过程中出现了纳米晶。也就是荷能团簇淀积对于薄膜的结晶起到了积极的作用。这也主要是来源于荷能团簇淀积的过程,由于团簇颗粒具有很高的动能,因此在淀积到衬底的过程中产生了一定的热量,有助于团簇形成纳米晶粒。

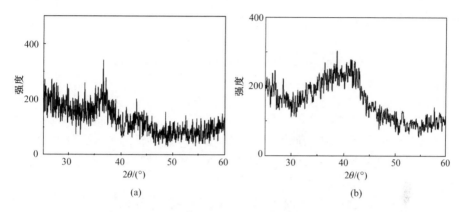

图 4.38　Co 团簇淀积纳米结构薄膜的 XRD 图谱
(a)低能淀积;(b)荷能淀积

3. Co 团簇纳米薄膜的磁性表征

既然团簇淀积能量对薄膜的微结构和成相都有着明显的影响,我们认为薄膜的性质也非常有可能受此影响,为此我们使用 SQUID 测量了 Co 团簇纳米薄膜的磁滞回线,如图 4.39 所示。

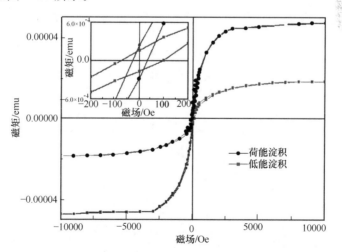

图 4.39　团簇纳米薄膜的磁滞回线

从图 4.39 中可以看到,团簇束流的淀积能量对 Co 团簇的磁学性质产生了非常大的影响,首先是饱和磁化强度差距非常大,对于低能淀积纳米薄膜的饱和磁化强度和矫顽力分别为 1.8×10^{-5} emu 和 85 Oe,而对于荷能团簇束流淀积薄膜的饱和磁化强度达到了 4.7×10^{-5} emu,其矫顽力只有 30 Oe。表 4.4 给出了两种薄膜的磁性参数对比。

表 4.4　低能淀积与荷能淀积薄膜磁性对比

	饱和磁化强度/emu	剩磁比/%	矫顽场/Oe	饱和磁场/Oe
低能淀积	1.8×10^{-5}	11.3	85	6000
荷能淀积	4.7×10^{-5}	5.8	30	3000

由此我们可以看出对于荷能团簇束流淀积的 Co 团簇纳米结构薄膜的磁性要明显强于低能团簇束流淀积制备的薄膜。并且,荷能淀积的薄膜更容易磁化,两种薄膜的饱和磁化磁场分别为 3 kOe 和 6 kOe。

因此,对于 Co 这种磁性纳米薄膜而言,团簇淀积能量对其磁性产生了非常大的影响。由此荷能团簇束流淀积技术为制备功能薄膜又提供了一条新的思路。

4. 退火热处理后 Co 团簇纳米薄膜的磁性

为了进一步研究淀积能量对 Co 团簇薄膜磁性的影响,对上述同样的两个薄膜样品进行了退火热处理。采用在氮气的保护下 500 ℃保温 5 分钟的快速退火,退火后两种薄膜的磁滞回线如图 4.40 所示。

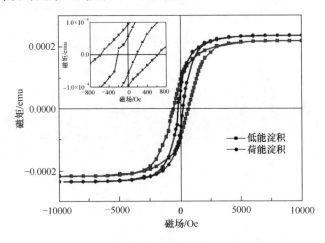

图 4.40　退火后两种薄膜的磁滞回线

从图 4.40 中我们可以看到,经过退火热处理后,与制备态相比,两种薄膜的磁性都明显增强,表 4.5 给出了退火后两种薄膜磁性的主要参数对比。

表 4.5　低能淀积与荷能淀积薄膜磁性对比

	饱和磁化强度/emu	剩磁比/%	矫顽场/Oe	饱和磁场/Oe
低能淀积	2.17×10^{-4}	43.1	610	5000
荷能淀积	2.35×10^{-4}	24.2	175	2000

整体而言,低能淀积和荷能淀积薄膜的磁性还是存在着明显的不同特性。比如,低能淀积具有较高的剩磁比,而且其矫顽场也要比荷能淀积的矫顽场高得多。而且从表中可以看到,经过退火热处理后,相比制备态,两种薄膜的饱和磁化强度比较接近,而且磁化强度几乎增长了近 10 倍。与此同时,矫顽场也增加得非常大。这些结果说明经过退火热处理后,薄膜的磁性明显增强了。主要原因可能是退火热处理带给团簇颗粒再次结晶的机会,从而导致薄膜的磁性增强。为了证明经过退火处理后团簇薄膜的结晶成相变好,我们取上述两种退火后的样品进行 XRD 表征,结果如图 4.41 所示。

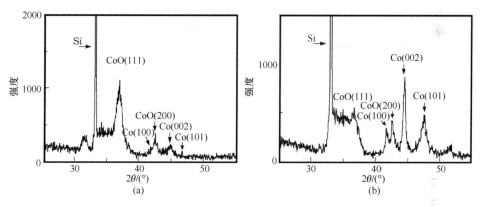

图 4.41　退火后团簇薄膜的 XRD 图谱
(a) 低能淀积;(b) 荷能淀积

从图 4.41 中可以看到,经过 500 ℃退火热处理后,薄膜已经开始结晶,但是对于低能淀积的团簇薄膜,形成的衍射峰还是薄膜表面的氧化物占主导作用。而对于荷能淀积的团簇薄膜经过热处理后,薄膜中 Co 形成了明显的 fcc 结构。这也是退火处理后薄膜展示较强磁性的主要原因。

总之,荷能淀积在磁性纳米颗粒薄膜的制备中已经显示出有别于低能团簇淀积的一面,因此在应用于磁性纳米材料时,可以根据不同的性质需要选取不同的淀积方式,为磁性纳米颗粒的推广应用提供了另外一个思路。

4.5.3　Co 团簇纳米薄膜的展望

本节中,我们主要探讨了荷能团簇淀积的纳米结构薄膜相比于低能团簇束流淀积的纳米薄膜在微结构和性质上所发生的变化。并结合实例,分别制备了低能团簇淀积和荷能团簇淀积的 Co 纳米结构薄膜,研究了两种薄膜在微结构和性质上所发生的变化,得到了一些初步结果:团簇束流以一定的能量淀积到衬底上时,团簇薄膜的微结构和成相出现明显的不同,更为重要的是薄膜的磁性得到很大的改善。而且,团簇薄膜在经过退火热处理后薄膜的磁性增加得非常明显。由此我们可以得出初步判断,利用荷能团簇束流淀积,可以改变纳米材料的性能,从而为团簇束流淀积制备纳米结构薄膜开辟了一个新的方向。

对于过渡金属 Co 纳米颗粒,由于具有表面效应、体积效应、量子尺寸效应以及宏观的量子隧穿效应,已经在催化、发光材料、磁性材料、半导体器件和纳米器件上得到了广泛的应用[99],荷能团簇束流淀积薄膜的磁性已经较低能团簇淀积的纳米颗粒薄膜有明显提高,今后应该更深入地研究和进一步改进实验以期获得性能更加优异的 Co 团簇颗粒纳米结构薄膜材料。

本章参考文献

[1] Lim S H, Kim H J, Na S M, et al. Application-related properties of giant magnetostrictive thin films. J. Magn. Magn. Mater. ,2002,239: 546-550.

[2] UchidaH H, Koeninger V, Kaneko H. Preparation and characterization of (Tb, Dy) Fe₂ giant magnetostrictive thin films for surface acoustic wave devices. J. Alloys Compd. ,1994,211-212: 455-459.

[3] Wada M, Uchida H H, Matsumura Y, et al. Preparation of films of (Tb, Dy) Fe₂ giant magnetostrictive alloy by ion beam sputtering process and their characterization. Thin Solid Films, 1996,281: 503-506.

[4] Uchida H, Weda M, Koike K, et al. Giant magnetostrictive materials: thin film formation and application to magnetic surface acoustic wave devices. J. Alloys Compd. ,1994,211: 576-580.

[5] Quandt E, Gerlach B, Seemann K. Preparation and applications of magnetostrictive thin films. J. Appl. Phys. ,1994,76(10): 7000-7002.

[6] Honda T, Arai K I, Yamaguchi M. Fabrication of magnetostrictive actuators using rare-earth (Tb, Sm)-Fe thin films. J. Appl. Phys. ,1994,76(10): 6994-6999.

[7] Schatz F, Hirscher M, Schnell M, et al. Magnetic anisotropy and giant magnetostriction of amorphous TbDyFe films. J. Appl. Phys. ,1994,76(9): 5380-5382.

[8] Hayashi Y, Arai K I, Ishiyama K, et al. Dependence of magnetostriction of sputtered Tb-Fe films on preparation conditions. IEEE Tran. Magn. ,1993,29(6): 3129-3131.

[9] Chinnasamy C N, Jeyadevan B, Shinoda K, et al. Unusually high coercivity and critical single-domain size of nearly monodispersed CoFe₂O₄ nanoparticles. Appl. Phys. Lett. , 2003, 83(14): 2862-2864.

[10] Wada M, Uchida H, Kaneko H. Effect of annealing treatment of the Tb₀.₃Dy₀.₇Fe₂ thin films on the magnetic and magnetostrictive characteristics. J. Alloys Compd. , 1997, 258 (1): 169-173.

[11] Xu H B,Jiang C B,Jiang X Y,et al. Magnetic anisotropy in $(Tb_{0.3}Dy_{0.7})_{45}Fe_{55}$ amorphous films. J. Magn. Magn. Mater. ,2001,232(1-2)：46-52.

[12] Huang J,Prados C, Evetts J E,et al. Giant magnetostriction of amorphous $Tb_x Fe_{1-x}(0.10 < x < 0.45)$ thin films and its correlation with perpendicular anisotropy. Phys. Rev. B,1995,51：297-304.

[13] 黄胜涛. 非晶态材料的结构和结构分析. 北京：科学出版社,1987.

[14] 葛世惠译. 铁磁性物理. 兰州：兰州大学出版社,2002.

[15] 万红. TbDyFe 薄膜的磁致伸缩性能及其与弹性、压电衬底复合效应研究. 国防科技大学博士学位论文,2005.

[16] 周永治译. 现代磁性材料原理和应用. 北京：化学工业出版社,2002.

[17] Dapino M J,Smith R C,Flatau A B. Structural magnetic strain model for magnetostrictive transducers. IEEE Trans. Magn. ,2000,36(3)：545-556.

[18] Speliotis A,Niarchos D. Magnetostrictive properties of amorphous and crystalline TbDyFe thin films. Sensors and Actuators A,2003,106(1)：298-301.

[19] Jiles D C. Theory of the magnetomechanical effect. J. Phys. D：Appl. Phys. ,1995,28(8)：1537-1546.

[20] Lu J,Meng H J,Deng J J,et al. Strain and magnetic anisotropy of as-grown and annealed Fe films on c(4×4) reconstructed GaAs (001) surface,J. Appl. Phys. 2009,106(1),013911.

[21] Herzer G. Grain size dependence of coercivity and permeability in nanocrystalline ferromagnets. IEEE Trans. Magn. ,1990,26(5)：1397-1402.

[22] LaudauL D, et al. Electrodynamics of continuous media. Electrodynamics of Continuous Media. ,1984,8.

[23] Astrov D N. Magnetoelectric effect in chromium oxide. Sov. Phys. JETP. ,1961,13(4)：729-733.

[24] Kimura T,Goto T,Shintani H,et al. Magnetic control of ferroelectric polarization. Nature,2003,426(6962)：55-58.

[25] GaoX S,Chen X Y,Wu J,et al. Ferroelectric and dielectric properties of ferroelectromagnet $Pb(Fe_{1/2}Nb_{1/2})O_3$ ceramics and thin films. J. Mater. Sci. ,2000,35(21)：5421-5425.

[26] Hill N A,Rabe K M. First-principles investigation of ferromagnetism and ferroelectricity in bismuth manganite. Phys. Rev. B,1999,59(13)：8759.

[27] Fiebig M,Lottermoser T,Frohlich D,et al. Observation of coupled magnetic and electric domains. Nature,2002,419(6909)：818-820.

[28] Huang Z J,Cao Y,Sun Y Y,et al. Coupling between the ferroelectric and antiferromagnetic orders in $YMnO_3$. Phys. Rev. B,1997,56(5)：2623.

[29] Woodward D I,Reaney I M,Eitel R E,et al. Crystal and domain structure of the $BiFeO_3$-$PbTiO_3$ solid solution. J. Appl. Phys. ,2003,94(5)：3313-3318.

[30] Palkar V R,John J,Pinto R. Observation of saturated polarization and dielectric anomaly in magnetoelectric $BiFeO_3$ thin films. Appl. Phys. Lett. ,2002,80(9)：1628-1630.

[31] Yun K Y, Noda M, Okuyama M. Prominent ferroelectricity of BiFeO$_3$ thin films prepared by pulsed-laser deposition. Appl. Phys. Lett. , 2003, 83(19): 3981-3983.

[32] Wang J, Neaton J B, Zheng H, et al. Epitaxial BiFeO$_3$ multiferroic thin film heterostructures. Science, 2003, 299(5613): 1719-1722.

[33] Eerenstein W, Morrion F D, Dho J, et al. Comment on "Epitaxial BiFeO$_3$ Multiferroic Thin Film Heterostructures". Science, 2005, 307(5713): 1203-1203.

[34] Wang J, Scholl A, Zheng H, et al. Response to comment on "Epitaxial BiFeO$_3$ Multiferroic Thin Film Heterostructures". Science, 2005, 307: 1203-1203.

[35] Gao F, Yuan Y, Wang K F, et al. Preparation and photoabsorption characterization of BiFeO$_3$ nanowires. Appl. Phys. Lett. , 2006, 89(10): 102506-102506.

[36] Gao F, Chen X Y, Yin K B, et al. Visible-light photocatalytic properties of weak magnetic BiFeO$_3$ nanoparticles. Adv. Mater. , 2007, 19(19): 2889-2892.

[37] Takahashi K, Kida N, Tonouchi M. Terahertz radiation by an ultrafast spontaneous polarization modulation of multiferroic BiFeO$_3$ thin films. Rhys. Rev. Lett. , 2006, 96(11): 117402.

[38] Gambardella P, Rusponi S, Veronese M, et al. Giant magnetic anisotropy of single cobalt atoms and nanoparticles. science, 2003, 300(5622): 1130-1133.

[39] Hou Z L, Zhou H F, Kong L B, et al. Enhanced ferromagnetism and microwave absorption properties of BiFeO$_3$ nanocrystals with Ho substitution. Mater. Lett. , 2012, 84: 110-113.

[40] Zhang Q, Zhu X H, Xu Y H, et al. Effect of La^{3+} substitution on the phase transitions, microstructure and electrical properties of Bi$_{1-x}$La$_x$FeO$_3$ ceramics. J. Alloy. Compd. , 2013, 546: 57-62.

[41] Panwar N, Coondoo I, Tomar A, et al. Nanoscale piezoresponse and magnetic studies of multiferroic Co and Pr co-substituted BFO thin films. Mater. Res. Bull. , 2012, 47(12): 4240-4245.

[42] Zhao S F, Yun Q. Enhanced ferromagnetism of Ho, Mn co-doped BiFeO$_3$ nanoparticles. Integrated Ferroelectric, 2013, 141(1): 18-23.

[43] Haumont R, Kreisel J, Bouvier P, et al. Phonon anomalies and the ferroelectric phase transition in multiferroic BiFeO$_3$. Phys. Rev. B, 2006, 73(13): 132101.

[44] Singh M K, Jang H M, Ryu S, et al. Polarized raman scattering of multiferroic BiFeO$_3$ epitaxial films with rhombohedral R3c symmetry. Appl. Phys. Lett. , 2006, 88(4): 042907.

[45] Gautam A, Singh K, Sen K, et al. Crystal structure and magnetic property of Nd doped BiFeO$_3$ nanocrytallites. Mater. Lett. , 2011, 65(4): 591-594.

[46] Wu J, Xiao D Q, Zhu J. Effect of (Bi, La)(Fe, Zn)O$_3$ thickness on the microstructure and multiferroic properties of BiFeO$_3$ thin films. J. Appl. Phys. 2012, 112(9): 094109.

[47] Tang X W, Dai J M, Zhu X B, et al. In situ magnetic annealing effects on multiferroic Mn-doped BiFeO$_3$ thin films. J. Alloy. Compd. , 2013, 552: 186-189.

[48] Wang Y, Jiang Q H, He H C, et al. Multiferroic BiFeO$_3$ thin films prepared via a simple sol-gel method. Appl. Phys. Lett. , 2006, 88(14): 142503.

[49] Sosnowska I, Neumaier T P, Steichele E. Spiral magnetic ordering in bismuth ferrite. J.

　　　Phys. C: Solid State Phys. ,1982,15(23): 4835-4846.

[50] Arya G S,Negi N S. Effect of In and Mn co-doping on structural,magnetic and dielectric properties of BiFeO$_3$ nanoparticles. J. Phys. D: Appl. Phys. ,2013,46(9): 095004.

[51] Chakrabarti K,Das K,Sarkar B,et al. Enhanced magnetic and dielectric properties of Eu and Co co-doped BiFeO$_3$ nanoparticles. Appl. Phys. Lett. ,2012,101(4): 042401.

[52] Usov N A,Zhukov A,Gonzalez J. Single-domain particle with random anisotropy. J. Non. Cryst. Solids,2007,353(8): 796-798.

[53] Bødker F,Mørup S,Linderoth S. Surface effects in metallic iron nanoparticles. Phys. Rev. Lett. ,1994,72: 282-285.

[54] Pérez N,Guardia P,Roca A G,et al. Surface anisotropy broadening of the energy barrier distribution in magnetic nanoparticles. Nanotechnology,2008,19(47): 475704.

[55] Zhao S F,Wan J G,Huang C,et al. The influence of nanoparticle size on the magnetostrictive properties of cluster-assembled Tb-Fe nanofilms. Thin Solid Films,2010,518(12): 3190-3193.

[56] Prinz G A. Magnetoelectronics. Science,1998,282(5394): 1660-1663.

[57] Dietl T,Ohno H. Ferromagnetic Ⅲ-Ⅴ and Ⅱ-Ⅵ semiconductors. MRS Bull. ,2003,28 (10): 714-719.

[58] Steane A. Quantum computing. Rep. Prog. Phys. ,1998,61: 117-174.

[59] Gutfleisch O,Willard M A,Brück E,et al. Magnetic materials and devices for the 21st century: stronger, lighter, and more energy efficient. Advanced materials, 2011, 23 (7): 821-842.

[60] Pimentel. Stanford,IBM Team to Explore "Spintronics". San Francisco Chronicle, 2004,26.

[61] Kamilla S K,Basu S. New semiconductor materials for magnetoelectronics at room temperature. Bull. Mater. Sci. ,2002,25(6): 541-543.

[62] Jonker B T,Park Y D,Bennett B R,et al. Robust electrical spin injection into a semiconductor heterostructure. Physical Review B,2000,62(12): 8180-8183.

[63] Ohno Y, et al. Electrical spin injection in a ferromagnetic semiconductor heterostructure. Nature (London),1999,402(6763): 790-792.

[64] Kikkawa J M,Awschalom D D. Lateral drag of spin coherence in gallium arsenide. Nature (London),1999,397(6715): 139-141.

[65] Fiederling R,Keim M,Reuscher G A,et al. Injection and detection of a spin-polarized current in a light-emitting diode. Nature (London),1999,402(6763): 787-790.

[66] Zutic I,Fabian J,Sarma S D. Spin injection through the depletion layer: a theory of spin-polarized pn junctions and solar cells. Phys. Rev. B,2001,64(12): 121201.

[67] Didosyan Y S, et al. Fast latching type optical switch. J. Appl. Phys. ,2004,95(11): 7339-7341.

[68] Look D C. Recent advances in ZnO materials and devices. Mater. Sci. Eng. ,2001,80(1): 383-387.

[69] Molnar R J. "Hydride Vapor Phase Epitaxial Growth of Ⅲ-Ⅴ Nitrides" in Semiconductors and Semimetals. New York:Academic, 1998,57:1-31.

[70] Minami T. New n-type transparent conducting oxides. MRS Bull. ,2000,25(8): 38-44.

[71] Nuruddin A,Abelson J R. Improved transparent conductive oxide/$p^{(+)}$/i junction in amorphous silicon solar cells by tailored hydrogen flux during growth. Thin Solid Films,2001, 394(1): 48-62.

[72] Dietl T, et al. Zener model description of ferromagnetism in zinc-blende magnetic semiconductors. Science,2000,287(5455): 1019-1022.

[73] Sharma P, et al. Laser induced photodissociation of CH_2Cl_2 and CH_2Br_2 at 355 nm: an experimental and theoretical study. Chem. Phys. Lett. ,2003,382(5): 637-643.

[74] Jin Z,Murakami M,Fukumura T,et al. Combinatorial laser MBE synthesis of 3d ion doped epitaxial ZnO thin films. J. Cryst. Growth,2000,214: 55-58.

[75] Bozorth R M. Ferromagnetism. Wiley-VCH,1993,1: 992.

[76] Schwartz D A,Kittilstved K R,Gamelin D R. Above-room-temperature ferromagnetic Ni^{2+}-doped ZnO thin films prepared from colloidal diluted magnetic semiconductor quantum dots. Appl. Phys. Lett. ,2004,85(8): 1395-1397.

[77] Zener C. Interaction between the d shells in the transition metals. Phys. Rev. B, 1951, 81 (3): 440.

[78] Venkatesan M,Fitzgerald C B,Lunney J G,et al. Anisotropic ferromagnetism in substituted zinc oxide. Phys. Rev. Lett. ,2004,93(17):177206.

[79] Schwarz K. CrO_2 predicted as a half-metallic ferromagnet. J. Phys. F: Met. Phys. ,1986,16 (9): L211.

[80] Kamper K P,Schmitt W,Guntherodt G. CrO_2—a new half-metallic ferromagnet? Phys. Rev. Lett. ,1987,59: 2788-2791.

[81] Gupta A,Li X W,Xiao G. Magnetic and transport properties of epitaxial and polycrystalline chromium dioxide thin films. J. Appl. Phys. ,2000,87(9): 6073-6078.

[82] Li X W,Gupta A,McGuire T R,et al. Magnetoresistance and Hall effect of chromium dioxide epitaxial thin films. J. Appl. Phys. ,1999,85(8): 5585-5587.

[83] Ivanov P G,Watts S M,Lind D M. Epitaxial growth of CrO_2 thin films by chemical-vapor deposition from a Cr_8O_{21} precursor. J. Appl. Phys. ,2001,89(2): 1035-1040.

[84] Anguelouch A,Gupta A,Xiao G,et al. Near-complete spin polarization in atomically-smooth chromium-dioxide epitaxial films prepared using a CVD liquid precursor. Phys. Rev. B, 2001,64(18): 180408.

[85] Popovici N,Paramês M L,Da Silva R C,et al. KrF pulsed laser deposition of chromium oxide thin films from Cr_8O_{21} targets. Appl. Phys. A: Mater. Sci. Process. , 2004, 79 (4-6): 1409-1411.

[86] Wegner K,Piseri P,Tafreshi H V,et al. Cluster beam deposition: a tool for nanoscale science and technology. J. Phys. D,2006,39(22): R439.

[87] Bergeron D E,Castleman A W,Jones N O,et al. Stable cluster motifs for nanoscale chromium oxide materials. Nano Lett. ,2004,4(2): 261-265.

[88] Zuo J, Xu C, Hou B, et al. Raman spectra of nanophase Cr_2O_3. Journal of Raman Spectroscopy, 1996, 27(12): 921-923.

[89] Hwang H Y, Cheong S W. Enhanced intergrain tunneling magnetoresistance in half-metallic CrO_2 films. Science, 1997, 278(5343): 1607-1609.

[90] Zheng R K, Liu H, Wang Y, et al. Cr_2O_3 surface layer and exchange bias in an acicular CrO_2 particle. Appl. Phys. Lett. , 2004, 84(5): 702-704.

[91] Lu A H, Salabas E E, Schueth F. Magnetic nanoparticles: synthesis, protection, functionalization, and application. Angewandte Chemie International Edition, 2007, 46(8): 1222-1244.

[92] Li X Y, Gupta A, Xiao G. Influence of strain on the magnetic properties of epitaxial (100) chromium dioxide (CrO_2) film. Appl. Phys. Lett. , 1999, 75(5): 713-715.

[93] Haberland H, Mall M, Moseler M, et al. Filling of micron-sized contact holes with copper by energetic cluster impact. J. Vac. Sci. Technol. A, 1994, 12(5): 2925-2930.

[94] Haberland H, Insepov Z, Moseler M. Molecular-dynamics simulation of thin-film growth by energetic cluster impact. Phys. Rev. B, 1995, 51(16): 11061.

[95] Moseler M, Gumbsch P, Casiraghi C, et al. The ultrasmoothness of diamond-like carbon surfaces. Science, 2005, 309(5740): 1545-1548.

[96] 侯登录，温桂荣，唐贵德，等. 铁钴合金纳米颗粒体磁性的研究. 磁记录材料, 1997, (2).

[97] Dumestre F, Chaudret B, Amiens C, et al. Shape control of thermodynamically stable cobalt nanorods through organometallic chemistry. Angewandte Chemie, 2002, 114(22): 4462-4465.

[98] Dinega D P, Bawendi M G. A solution-phase chemical approach to a new crystal structure of cobal. Angewandte Chemie International Edition, 1999, 38(12): 1788-1791.

[99] He S, Yao J, Jiang P, et al. Self-assembled two-dimensional ordered superlattice. Langmuir, 2001, 17(5): 1571-1575.

第5章 团簇组装异质复合纳米结构薄膜的多铁性

通过低能团簇束流淀积的实验方法在压电薄膜 PZT 衬底上淀积纳米结构 Tb-Fe 团簇薄膜,进而组装成 Tb-Fe/PZT 薄膜异质结,并且利用磁电耦合效应综合测试系统对其磁电效应进行探究。研究发现与普通的复合薄膜相比,团簇束流淀积制备的薄膜异质结展示出很强的磁电耦合效应。利用相同的团簇薄膜淀积技术在压电薄膜 PVDF 的表面上淀积一层 Sm-Fe 纳米结构,进而组成一种软质衬底的 Sm-Fe/PVDF 薄膜异质结,通过测量发现其同样具有理想的磁电耦合效应。在这些实验结果的基础上,本章根据磁电耦合的理论模型探讨异质结的磁电耦合机制及团簇组装复合薄膜的电学及磁学性质,发现在团簇制备方法的尺寸效应的作用下,纳米复合薄膜表现出了优异的电学和磁学性质。

5.1 引 言

近几十年来,由于在微纳机电系统领域存在广阔的应用前景,磁电薄膜越来越引起人们的兴趣[1]。利用乘积效应,通过对压电薄膜和磁致伸缩薄膜的复合可获得具有较强磁电效应的磁电复合薄膜。迄今为止,大量有关这种复合薄膜的研究工作已经开展起来。这方面的工作主要采用具有钙钛矿结构的 PZT[$Pb(Zr_{0.52}Ti_{0.48})O_3$]、$BaTiO_3$ 等薄膜作为压电相,采用具有尖晶石结构的 $CoFe_2O_4$、$La_{0.7}Sr_{0.3}MnO_3$ 等薄膜作为磁致伸缩相[2-6],利用乘积效应原理使两种薄膜产生磁电耦合,从而获得磁电效应。表 5.1 给出了一些铁磁氧化物的饱和磁致伸缩系数,与超磁致伸缩薄膜相比,$CoFe_2O_4$、$La_{0.7}Sr_{0.3}MnO_3$ 等铁磁氧化物的磁致伸缩系数非常低。因此,对于这些复合薄膜,由于磁致伸缩相的较低磁致伸缩系数导致复合薄膜的磁电电压系数大都比较低,这样大大地限制了磁电复合薄膜在微纳机电系统中的应用。

表 5.1 一些常见铁磁氧化物的饱和磁致伸缩系数

材料	$\lambda_S/(10^{-6})$
$MnFe_2O_4$	5
Fe_3O_4	40
$CoFe_2O_4$	110

续表

材料	$\lambda_s/(10^{-6})$
$NiFe_2O_4$	17
$MgFe_2O_4$	6
$Li_{0.5}Fe_{0.5}Fe_2O_4$	8

通过前面的讨论可知,Laves 相稀土铁合金薄膜具有非常高的磁致伸缩系数,因此,如果可以使用 Laves 相稀土铁合金薄膜代替铁磁氧化物作为磁致伸缩相,将非常有希望获得较大的磁电电压系数。然而,通过传统方法制备这种复合薄膜的过程中,由于稀土铁合金薄膜的相变温度较高(一般都高于 500 ℃),而且稀土原子具有非常高的氧化活性,因此稀土铁合金薄膜淀积在压电薄膜表面的过程中,氧原子不可避免地会从压电薄膜扩散到稀土铁合金薄膜,从而大大削弱了稀土铁合金薄膜的磁致伸缩性能和压电薄膜的压电性能。更严重的是,由于在两相薄膜材料中间会出现一层过渡层,这会大大降低磁致伸缩相和压电相之间的耦合效率,进而降低了复合薄膜的磁电电压系数。正是由于以上的原因,到目前为止,相关的磁电复合薄膜的研究尚很少见。

根据上一章的讨论可知,纳米结构超磁致伸缩团簇薄膜具有比普通薄膜更高的磁致伸缩系数,而且薄膜具有良好的微结构特征;同时,在团簇薄膜制备的过程中,Tb-Fe 团簇的相变发生在冷凝腔中,而 Tb-Fe 团簇束流淀积的过程发生在另外一个超高真空的腔体内,这两个过程是完全独立的,且不需要较高的温度;并且对于低能团簇束流淀积过程,团簇束流淀积到衬底上是一个"软着陆"的过程,因此在淀积到衬底上时不会产生高温和高能量,这样,如果采用压电薄膜作为衬底且利用团簇束流淀积的方式就可以有效地避免磁致伸缩相和压电相之间的扩散和反应,从而使制备超磁致伸缩团簇薄膜/压电薄膜这种薄膜异质结成为可能。

5.2 压电薄膜的制备与性质表征

锆钛酸铅(PZT)是锆酸铅($PbZrO_3$)和钛酸铅($PbTiO_3$)的连续固溶体,其化学式可表示为 $Pb(Zr_xTi_{1-x})O_3$ $(0 \leqslant x \leqslant 1)$,属于 ABO_3 型钙钛矿结构,是一类具有较强的压电效应的压电相材料。PZT 具有良好的压电特性、较大的介电常数、较高的居里温度等性质,这使得其应用范围极为广泛,因而选择其作为复合纳米薄膜的压电相衬底。

5.2.1 钙钛矿型压电薄膜的结构

本工作选择锆钛酸铅(PZT)作为磁电薄膜异质结构中的压电相材料,下面首

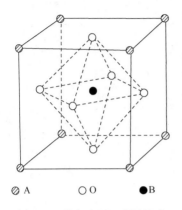

图 5.1　具有 ABO₃ 型钙钛矿结构的化合物的示意图

先对其做简要介绍。

PZT 属于 ABO₃ 型钙钛矿结构,如图 5.1 所示,在每个钙钛矿元胞中,铅离子(Pb^{2+})占据 8 个顶点的位置(A 位),氧离子(O^{2-})占据 6 个面心的位置(O 位),钛离子或锆离子(Ti^{4+}/Zr^{4+})占据体心位置(B 位)。

锆钛酸铅是目前发现的应用最为广泛的压电材料之一,之所以选择它作为薄膜衬底,是因为它具有良好的压电特性(piezoelectric properties)、较高的居里温度(T_c)、很大的介电常数(dielectric constant)和电阻率(resistivity)。另外,$Pb(Zr_xTi_{1-x})O_3$ 还具有其自身独特的功能:可通过掺杂或改变其中 Zr/Ti 原子的化学计量比,来改善其铁电性能。其原因为 Ti^{4+} 的离子半径(0.64 Å)和 Zr^{4+} 的离子半径(0.77 Å)相近,且这两种离子化学性能相似,所以 $PbTiO_3$ 与 $PbZrO_3$ 能以任何比例形成连续固溶体,而且随着锆钛比的不同,$Pb(Zr_xTi_{1-x})O_3$ 的内部结构和性能也不相同。图 5.2 显示了锆钛酸铅固溶体的相图[7]。

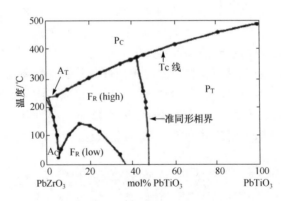

图 5.2　锆钛酸铅固溶体的相图

在图 5.2 中,中间是区分四方和三方铁电相的准同型相界。图中字母 P、A 和 F 分别代表顺电相、反铁电相和铁电相;字母 C/T/R/O 分别代表立方晶系、四方晶系、三方晶系和正交晶系;high 代表高温形式,low 代表低温形式。从图中可以看出,在室温下,锆钛酸铅中 Zr 原子和 Ti 原子的组分比小于 52/48 时,固溶体为四方铁电相(T_f);而当 Zr 原子和 Ti 原子的组分比大于 52/48 时,固溶体则为三角铁电相(R_f);在锆钛酸铅中 Zr 原子和 Ti 原子的组分恰好为 52/48 时,出现了一个三角-四方相界,称为准同型相界(morphortropic phase boundary,MPB)。在该相界附近,锆钛酸铅的压电常量、机电耦合因数和电容率均呈现最大值[8],因此,在工作中选用 Zr 原子和 Ti 原子的组分恰好为 52/48,即锆钛酸铅为 $Pb(Zr_{0.52}Ti_{0.48})O_3$ (PZT)。同时,这些参量是许多研究工作的对象,包括制备的磁电薄膜异质结中用到的压电系数常量。

5.2.2　溶胶-凝胶法

目前常用的薄膜制备方法分为物理方法和化学方法。其中,物理方法主要是溅射法(sputtering)和脉冲激光淀积法(PLD);化学方法主要是化学气相淀积法(CVD)和溶胶-凝胶法(sol-gel)。

对于压电薄膜的制备,由于薄膜的成分比较复杂,在用物理方法制备薄膜过程中存在一系列明显的缺点:在溅射法中,由于在溅射过程中各个组元的挥发性存在差异,膜的成分和靶的成分有较大偏差,而且偏差大小随工艺条件而异,这使得摸索工艺和稳定工艺存在困难[9];利用脉冲激光淀积(PLD)制备的薄膜表面上常有由于细微液滴凝固而形成的颗粒状突起使表面质量不甚理想,也不易于制备大面积薄膜[10]。而对于化学方法中的气相淀积法,在利用其制备压电薄膜时也存在明显的缺点:由于制备所需的具有足够高饱和蒸气压的金属有机物前驱体很难合成[11],这严重影响了一些重要铁电薄膜材料的制备。

与其他薄膜制备方法相比,利用溶胶-凝胶法(sol-gel)制备的压电薄膜具有其独特的优势:由于溶胶中各组分以分子级水平混合,因此可精确地控制膜的化学计量比及掺杂浓度。此方法工艺简单,合成温度低,不需要真空条件,适用于不同形状薄膜材料的制备,特别是大面积成膜,并且此方法与微电子工艺互相兼容。

通过以上对比,本工作选用溶胶-凝胶法(sol-gel)[12]制备压电薄膜,溶胶-凝胶法是通过将含有一定离子配比的金属醇盐和其他有机或无机金属盐溶于共同的溶剂,经水解和聚合形成均匀的前驱体溶液(溶胶),然后用匀胶机将此溶液均匀旋涂(spin-coating)在衬底基片上,经烘干除去有机物,反复旋涂增加厚度,最后经退火处理形成薄膜。溶胶-凝胶法的基本工艺过程如图 5.3 所示,其中,最基本的化学反应包括如下水解反应和缩聚反应。

水解反应:
$$M(OR)_n + xH_2O \Longrightarrow M(OH)_x(OR)_{n-x} + xROH \Longrightarrow M(OH)_n$$

缩聚反应:
$$-M-OH + HO-M- \Longrightarrow -M-O-M- + H_2O$$
$$-M-OR + HO-M- \Longrightarrow -M-O-M- + ROH$$

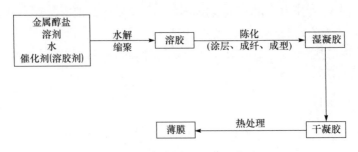

图 5.3　溶胶-凝胶法基本工艺过程

5.2.3　制备压电薄膜的衬底的选择和预处理

1. 衬底的选择

从 PZT 的应用角度考虑,在制备压电薄膜时必然会遇到以下问题:①电极和衬底的选取、制备及它们所带来的影响;②薄膜淀积在衬底和底电极上是否具有好的附着力;③薄膜在高温环境中烧结时,电极和衬底材料是否能够承受高温冲击且不被氧化并保持良好的导电性;④是否能确保不与淀积的薄膜发生明显的化学反应并防止氧的进入和衬底的扩散。考虑上述问题,由于 Pt 金属具有导电性好(可做底电极)、化学性质稳定、高温热处理时不易氧化等特点,其已作为铁电薄膜电极的首选材料。在本工作中选用 $Pt/Ti/SiO_2/Si$ 做衬底。

2. 衬底预处理

无论是什么材料的衬底,为了防止由于衬底表面沾污而引起的薄膜质量降低,必须在衬底上制备薄膜之前对衬底进行预处理。清洗步骤与 Si 衬底的相同,即用丙酮超声清洗 10 分钟,除去表面的油污;然后用酒精超声清洗 10 分钟洗去灰尘,最后去离子水超声清洗 10 分钟洗去杂质。

5.2.4　PZT 薄膜的制备

配制前驱体溶胶是制备薄膜的过程中极为重要的一个环节,在配制溶胶的过程中,前驱物的选取、溶剂的选择、各种添加剂的加入时机和顺序、前驱体的反应时间及温度等因素都会对溶胶的质量有较大的影响,进而直接影响其所制得膜的结构和性能。本工作通过反复的实验,得到了配制 PZT 溶胶的最佳方案。

本工作选用的原料分别为乙酸铅[$Pb(CH_3COO)_2 \cdot 3H_2O$,分析纯],硝酸锆[$Zr(NO_3)_4 \cdot 5H_2O$,分析纯],钛酸四丁酯($C_{16}H_{36}O_4Ti$,化学纯)。溶剂选用乙二醇甲醚($C_3H_8O_2$,化学纯),另外,在溶胶配制过程中,乙酰丙酮($C_5H_8O_2$,分析纯)和冰乙酸($CH_3COOH$,分析纯)分别作为催化剂和稳定剂加入,其中冰乙酸与乙二醇甲醚的体积比为 1∶4。在制备薄膜过程中,配制的 PZT 前驱体溶胶的浓度设为 0.2 mol/L,具体步骤为:首先根据设定的 PZT 前驱体溶液的浓度和化学计量比称量适量的乙酸铅、硝酸锆、钛酸四丁酯、冰乙酸和乙二醇甲醚,为了补偿在后退火处理中 Pb 的挥发,在称量时加入 10%(摩尔量)过量的乙酸铅。然后分别将乙酸铅和硝酸锆加入到温度保持在 70 ℃左右的适量乙二醇甲醚中,用磁力搅拌器充分搅拌,待其完全溶解后,分别向这两种溶液中滴入几滴乙酰丙酮,待溶液的温度降为 40 ℃时,将两种溶液混合并保持此温度持续搅拌 1 小时左右,然后将此混合溶液加入到钛酸四丁酯中,并使混合溶液在 40 ℃下持续搅拌 12 小时,接着加入冰乙酸,继续搅拌直至最终的溶胶浓度为 0.2 M,最后经过过滤,得到 PZT 溶胶。制得的 PZT 溶胶呈淡黄色,基本配制流程图如图 5.4 所示。

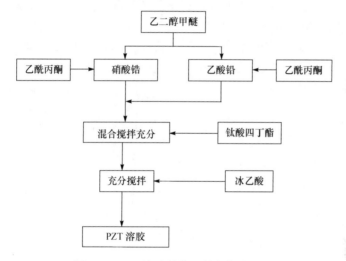

图 5.4　PZT 溶胶最佳配制方案流程图

在配置溶胶时,下面几个步骤是比较关键的:

(1) 保证溶胶中锆离子和钛离子的原子计量比为 $Zr^{4+}/Ti^{4+}=52/48$,这样使得生成的 PZT 薄膜处于准同型相界附近,具有最优化的铁电性能。

(2) 配置溶胶时保证铅过量 10%,以补偿其在后续工艺过程中的挥发造成的损失。若铅不过量,PZT 薄膜会在高温退火过程中出现焦绿石相,严重影响其铁电性能。

(3) 催化剂乙酰丙酮在硝酸锆溶液和乙酸铅溶液混合之前加入,这样才能防止溶液混合时产生沉淀。

(4) 稳定剂冰乙酸的主要作用是调节溶胶的pH。pH 直接影响着溶胶的稳定性及成膜质量。pH 偏高,成胶时间短,溶胶不稳定,不利于薄膜制备。冰乙酸的加入,延缓了前驱物水解与聚合的速度,从而延长了成胶时间,利于得到稳定溶胶。

实验中采用旋涂溶胶的方法制备 PZT 压电薄膜,所用的淀积设备是 KW-4A型台式匀胶机。首先将配制好的 PZT 前驱体溶胶滴到衬底上,并用匀胶机匀胶,速率设为 3300 转/分钟(3300 rpm),匀胶时间设为 30 秒。每次匀胶后,将基片置于温度为 280 ℃的铝板上烘烤 5 分钟,在衬底上反复旋涂 4 层溶胶并且烘干后,采用快速退火热处理使薄膜成相。退火装置为 RTP-500,在氧气氛围中退火,退火温度都设为 650 ℃,退火时间保持为 5 分钟,从而制得 PZT 薄膜。

5.2.5　PZT 薄膜的 XRD 表征

图 5.5 是制备的 PZT 压电薄膜的 XRD 图谱,图中标注 $2\theta = 22.02°$、$31.21°$、$44.80°$、$49.99°$和 $55.51°$时的衍射峰对应于 PZT 钙钛矿相,其所对应的晶面指数分别为(100),(110),(200),(201)和(211),除了衬底峰和 PZT 衍射峰之外,没有发现其他的衍射峰,这说明 PZT 在退火过程中形成了完好的 PZT 多晶相,且无中间相或第三相生成。良好的相结构是薄膜具有良好压电效应的必要条件。

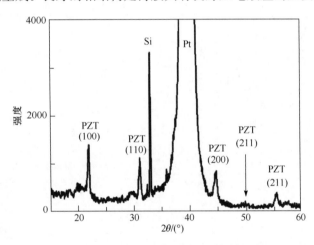

图 5.5　PZT 压电薄膜的 XRD 图谱

5.2.6　PZT 薄膜的铁电性质表征

铁电体的重要特征之一是其具有良好形状的电滞回线,电滞回线类似于磁场中磁性材料的磁滞回线,即当对铁电体施加外电场时,在温度低于居里温度的情况下铁电体的极化强度并不随外电场作线性变化,而是成双值函数的关系,即出现滞后回线的关系变化,这就是电滞回线[13]。对于铁电材料 PZT,其薄膜也具有铁电性。因为测量电滞回线需加外电场,在测量薄膜的铁电性之前,用 PLD 方法在薄膜顶部淀积了直径在 0.2 mm 的 Pt 电极作为顶电极,同时用氢氟酸(HF)腐蚀掉薄膜的一角使衬底上的底电极呈现出来。采用标准铁电测试系统 RT66A(Radiant Technologies,RT66A)测量了 PZT 压电薄膜在不同电压下的电滞回线,结果如图 5.6 所示。

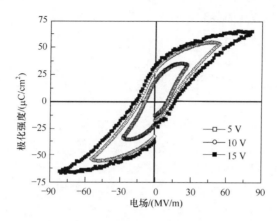

图 5.6　PZT 压电薄膜在不同电压下的电滞回线

从图中可以看出,PZT 压电薄膜的电滞回线具有规则的形状,从而说明薄膜具有良好的铁电性质。良好的铁电性质保证了这种方法制备的薄膜具有优异的压电性能。当外电压是 15 V 时,可以看出随着外电压的升高,电滞回线逐渐趋于饱和。在外电压达到 15 V 时,薄膜的最大饱和极化强度是 $P_s=60.8~\mu C/cm^2$,剩余极化强度是 $P_r=31.2~\mu C/cm^2$。

漏电流的大小是衡量薄膜质量的一个重要的电学性能指标,因此为了进一步验证 PZT 薄膜的铁电性能,本工作测量了 PZT 薄膜的漏电流。在表征 PZT 薄膜的漏电流密度(J)-电场强度(E)特性过程中,使用 HP4140B 直流恒压源/皮安表测量[14]。测量时薄膜的底电极接地,顶电极加直流电压,改变外电压得到电流密度-电场强度特性曲线。测量时,实验参数分别为:hold time=0 s,step delay time=0 s,integration time=long,电压扫描范围为 0~15 V,扫描步长为 0.02 V。图 5.7 是薄

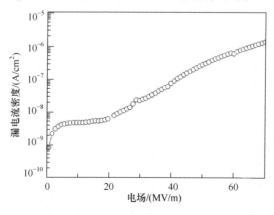

图 5.7　PZT 薄膜的漏电流曲线

膜的漏电流密度随外加电场变化的曲线。

从图中可以看到,薄膜的漏电流非常低,说明 PZT 薄膜是良好的介电体,因此薄膜显示出了良好的铁电性能。

5.3　Tb-Fe/PZT 薄膜异质结的制备与结构表征

制备了 PZT 压电薄膜后,以 PZT 压电薄膜为衬底,在 PZT 衬底上覆盖一个掩模板,掩模板的直径是 0.2 mm,然后利用低能团簇束流淀积在 PZT 衬底上淀积 Tb-Fe 超磁致伸缩团簇薄膜,进而得到 Tb-Fe/PZT 薄膜异质结。为了测量磁电效应的方便,在不拿开掩模板的情况下直接采用离子溅射方法在异质结的上表面喷镀一层直径是 0.2 mm 的 Pt 金属膜作为顶电极,图 5.8 给出了薄膜异质结的示意图。

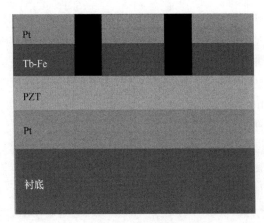

图 5.8　薄膜异质结构的示意图

5.3.1　薄膜异质结的制备

在实验中制备 Tb-Fe/PZT 薄膜异质结时,仍然使用直径是 50 mm、厚度是 2.5 cm 的高纯的稀土-铁合金 TbFe$_2$ 靶(99.99%)作为溅射靶材;使用 sol-gel 方法制备的 PZT 压电薄膜作为衬底。将 PZT 压电薄膜固定在超高真空团簇束流淀积系统的衬底座上,然后将衬底用直径是 0.2 mm 的掩模板覆盖,利用直流电源作为溅射电源,主要的工作条件见表 5.2,控制团簇淀积时间,制得的薄膜异质结中 Tb-Fe 层的厚度是 200 nm。

表 5.2　**Tb-Fe/PZT 团簇薄膜异质结的制备条件**

本底真空	4×10^{-5}/Pa
溅射 Ar 气流量	100 sccm
缓冲 He 气流量	60 sccm
溅射电压	400 V
溅射电流	0.2 A
淀积速率	1 Å/s

5.3.2　薄膜异质结的形貌和相结构表征

图 5.9 是用 SEM 表征的薄膜异质结的表面形貌图。从图中可以看到,薄膜异质结的表面是由形状规则的纳米颗粒紧密堆积而成,同时,这些纳米颗粒仍然具有明显的单分散性。纳米颗粒的平均直径是 30 nm,SEM 能谱显示薄膜异质结的表面成分仍然是 Tb-Fe 合金。

图 5.9　薄膜异质结的 SEM 图谱

图 5.10 是用 SEM 表征的薄膜异质结的断面扫描形貌图,从图中可以清楚地看到 PZT 压电薄膜层和 Tb-Fe 团簇薄膜层,并且没有扩散层和过渡层出现,也没有其他杂相层出现。从剖面图也可以看到 Tb-Fe 层是由形状规则的团簇颗粒组装而成的。

为了进一步表征薄膜异质结没有出现其他杂相,利用 XRD 表征了薄膜异质结的相结构。图 5.11 是薄膜异质结的 XRD 图谱。从图中可以看到,在薄膜异质结中,出现了衬底材料和 PZT 压电薄膜明显的衍射峰,而且 Tb-Fe 团簇薄膜的扩散峰包络在 PZT 的两个衍射峰之中。除此之外,没有发现其他明显的衍射峰,这说明在薄膜异质结中没有其他杂相出现,同时也说明了在薄膜异质结中 PZT 成相

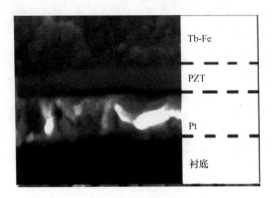

图 5.10   薄膜异质结的断面扫描 SEM 图谱

良好,而且 Tb-Fe 纳米薄膜层没有形成明显的、尖锐的衍射峰,其是以非晶态或纳米晶态存在的。

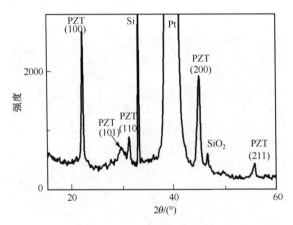

图 5.11   薄膜异质结的 XRD 图谱

从以上的形貌和相结构表征中可以看出,在薄膜异质结中压电层和磁致伸缩层仍然保持较好的独立性,这样能够保证薄膜异质结具有良好的磁电耦合效应。在薄膜异质结中之所以没有发生层间的扩散或反应,主要得益于低能团簇束流淀积的过程,团簇束流淀积到衬底上是一个"软着陆"的过程,因此团簇淀积在衬底上的过程是低温低能量的过程,在采用压电薄膜作为衬底并通过团簇束流淀积法制备磁致伸缩薄膜过程中,可以有效地避免磁致伸缩相和压电相之间的扩散和反应,进而保证了薄膜异质结中各层材料的独立性质。

5.3.3   薄膜异质结的磁学性质表征

为了表征薄膜异质结的磁学性质,使用超导量子干涉仪表征了薄膜异质结的磁滞回线,如图 5.12 所示。

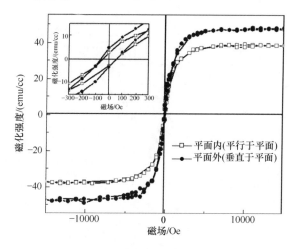

图 5.12　薄膜异质结的磁滞回线

从图中可以看到,薄膜异质结的磁滞回线形状规则,展示出良好的铁磁性。与块体的 Tb-Fe 材料相比,薄膜异质结展示出较低的矫顽力。在面内方向和面外方向上的矫顽力比较接近,均为 $H_c = 60$ Oe;同时,在面内方向和面外方向上的饱和磁化强度分别是 38 emu/cm³ 和 47 emu/cm³。尤其是薄膜异质结的磁性几乎和纯的团簇组装的 Tb-Fe 纳米结构薄膜完全可比,直接说明 Tb-Fe 层仍然保持良好的铁磁性。根据上一章的结果,这样的纳米结构 Tb-Fe 团簇薄膜在较低磁场下可以展示出较高的磁致伸缩效应。磁电效应来源于磁致伸缩相和压电相之间的应力传递,同时,较低的矫顽力和较高的磁致伸缩效应有助于提高磁电耦合的效率,这些条件均使薄膜异质结获得较高的磁电压系数成为可能。

5.3.4　薄膜异质结的铁电性质表征

良好的铁电性能也是保证薄膜异质结具有良好磁电耦合效应的关键。薄膜异质结在零场下,其电阻率是 2.1×10^{10} Ω·cm,这证明薄膜异质结是一个良好的介电体,应具有良好的铁电特性。因此,本实验进一步使用铁电测量仪(RT66 ferro-electric testing unit)表征了薄膜异质结的铁电性质,使用 HP4140B 直流恒压源/皮安表表征了纯 PZT 薄膜以及薄膜异质结漏电流密度。图 5.13 表征了薄膜异质结在外加电压分别是 $U = 5$ V,10 V,15 V 时的铁电回线。

从图中可以看出,薄膜异质结展示出良好的铁电性。铁电回线具有规则的形状,随着外加电场的增加逐渐趋于饱和;并且在外加电压为 15 V 时,薄膜异质结的饱和极化强度 $P_s = 51$ μC/cm²,剩余极化强度 $P_r = 27$ μC/cm²。与纯 PZT 薄膜相比,异质结的饱和极化强度和剩余极化强度都发生轻微的下降。这种极化强度的

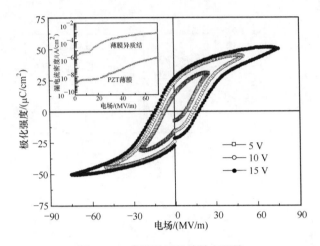

图 5.13　薄膜异质结的铁电回线

下降主要来源于异质结内氧空位浓度的增加,氧空位的增加会给铁电薄膜内畴壁的移动和旋转带来困难,进而导致极化强度的降低。

　　为了进一步表征薄膜异质结内的氧空位对铁电性能的影响,测量了异质结的漏电流密度随外加电场的变化,如图 5.14 所示。

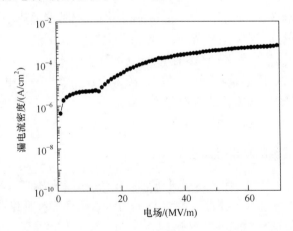

图 5.14　异质结的漏电流密度随外加电场的变化

　　从图中可以看出,薄膜异质结具有较低的漏电流密度,即使在外加电场强度高达 30 MV/m 时,异质结的漏电流密度大约只有 1.5×10^{-4} A/cm² 。尽管异质结的漏电流密度比较低,但是与纯 PZT 薄膜相比,异质结仍然表现出比纯相 PZT 薄膜更高的漏电流密度。对异质结来说,漏电流密度的提高,意味着在异质结内 PZT 层载流子浓度的提高。已经证实铁电薄膜内漏电流密度与薄膜内氧空位浓度密切相关[15],而且氧空位浓度对铁电薄膜内漏电流的影响可以用 Schottky emission 模型的传导机制得到圆满的解释[16]。因此,作者推断在制备薄膜异质结的过程中,PZT 层增加了少量的氧空位,而这些氧空位明显地来源于从 PZT 层到 Tb-Fe 层的氧扩散。虽然在前面的讨论中提到了低能团簇束流淀积能有效地降低 PZT 和 Tb-Fe 层间的反应和扩散,但是由于稀土元素非常强的氧化特性,在 Tb-Fe 团簇淀积的过程中,还是不能完全避免这种氧扩散的发生,因此出现少量的氧空位也是不可以避免的。但是这些轻微的氧化带来的氧空位的轻微提高,没有明显影响到压电层的铁电性能和磁致伸缩层的铁磁性能,进而也不会对异质结的磁电耦合效应造成影响。

5.4　Tb-Fe/PZT 薄膜异质结的磁电耦合效应

磁电复合材料是利用复合材料中磁性材料的磁致伸缩效应和压电相材料的压电效应的乘积特性来实现磁电性能的直接转换。磁致伸缩材料产生的磁-力转换和压电材料产生的力-电转换,通过两相界面的应力传递和耦合作用,即

$$\text{磁电效应} = \frac{\text{磁化}}{\text{机械}} \times \frac{\text{机械}}{\text{电极化}}, \quad \text{磁电效应} = \frac{\text{电极化}}{\text{机械}} \times \frac{\text{机械}}{\text{磁化}} \tag{5.1}$$

可以产生磁电效应。在乘积效应的协同作用下,实现新的磁-电耦合效应。其耦合过程可以用下式表示:

$$\frac{dE}{dH} = k_1 k_2 x (1-x) \frac{dS}{dH} \frac{dE}{dS} \tag{5.2}$$

式中,k_1 和 k_2 是因两相材料相互稀释而引起的各单相特性的减弱系数;x 及 $1-x$ 分别为复合材料中铁磁相和铁电相的体积分数;dS/dH 和 dE/dS 分别代表铁磁相的磁致伸缩效应与铁电相的压电效应[17]。

从乘积效应可以推断,为使磁电复合材料获得大的磁电效应,必须选用单相效应较强的铁电相和铁磁相材料,且这两相间要有可观的耦合效率;而且为了获得最优的磁电效应,复合材料中的铁电相和铁磁相必须选择最佳的体积比和合适的相连通方式;更重要的是要尽量减少铁电相和铁磁相之间的反应,以避免出现其他杂相和反应界面造成的耦合效率的大幅下降。

5.4.1　薄膜异质结的磁电耦合效应

采用磁电电压系数的增量来表征异质结的磁电耦合效应。其测量环境为当小信号交变磁场的频率为 1 kHz,沿着薄膜面内的方向施加交变小磁场是 10 Oe,由于样品尺寸的限制,施加的直流磁场的范围是 0~7 kOe。研究发现,薄膜异质结的磁电电压增量 $|\Delta V_{ME}|$ 随外加直流偏磁场 H_{bias} 的变化不断地变化。图 5.15 给出了磁电电压增量 $|\Delta V_{ME}|$ 随外加磁场变化曲线。

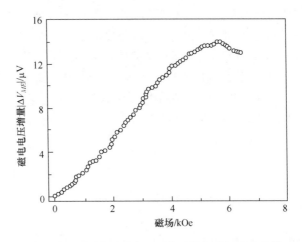

图 5.15　磁电压增量 $|\Delta V_{ME}|$ 随外加磁场变化曲线

从图中可以看出,薄膜异质结展示出非常强的磁电耦合效应。随着直流偏磁场的增加,磁电电压增量值 $|\Delta V_{ME}|$ 迅速地增加。当直流偏磁场 $H_{bias}=5.5$ kOe 时,异质结的磁电电压增量值达到最大的 $14~\mu V$,随后,随着直流偏磁场的进一步增加,磁电电压增量值开始下降。通过磁电电压系数的计算公式,可以得到磁电电压系数增量的最大值高达 140 mV/(cm·Oe),这个值要明显高于目前报道的全氧化物的铁电-铁磁复合薄膜的磁电电压系数[4,18,19],因此薄膜异质结展示出非常强的磁电耦合效应。

5.4.2　磁电薄膜异质结的理论模型

在研究复合薄膜异质结的磁电耦合效应时,可以使用双层的压电/压磁复合材料的理论模型进行探讨。利用其理想模型进行如下假设:①在磁致伸缩层不会产生介电极化且压电层不会产生磁致伸缩效应,即磁致伸缩层对电场无影响,且压电层对磁场无响应;②压电层的上表面与下表面具有完全相等的电势;③整个样品完全处于一个匀强磁场中。在以上假设下,对于压电材料,其本构方程为

$$\begin{pmatrix} S \\ B \end{pmatrix} = \begin{pmatrix} s & -q^{\mathrm{T}} \\ q & \mu \end{pmatrix} \begin{pmatrix} T \\ H \end{pmatrix} \tag{5.3}$$

而对于磁致伸缩材料,其本构方程可以写为

$$\begin{pmatrix} S \\ D \end{pmatrix} = \begin{pmatrix} s & -d^{\mathrm{T}} \\ d & \varepsilon \end{pmatrix} \begin{pmatrix} T \\ E \end{pmatrix} \tag{5.4}$$

由此得出双层磁电复合材料的力-磁-电三场耦合的本构方程为

$$\begin{Bmatrix} S \\ D \\ B \end{Bmatrix} = \begin{pmatrix} s & -d^{\mathrm{T}} & -q^{\mathrm{T}} \\ d & \varepsilon & \alpha \\ q & \alpha & \mu \end{pmatrix} \begin{Bmatrix} T \\ E \\ H \end{Bmatrix} \tag{5.5}$$

以上三个式子中，S、D、B、T、E、H 分别是应变、电位移、磁感应强度、应力、电场强度和磁场强度；s、ε、μ 分别是弹性柔顺系数、介电常数和真空磁导率；q、d、α 分别是压磁系数、压电系数和磁电电压系数。

对于磁电耦合效应的表征参数而言，可以用 $\alpha = \delta E/\delta H$ 来表示，根据本构方程(5.5)和双层结构边界所满足的条件，可以在理论上推导出在横向方向上的磁电电压系数[20]：

$$\alpha_{E,31} = \delta E_3/\delta H_1 = \frac{-2d_{31}^{\mathrm{p}} q_{11}^{\mathrm{m}} v_{\mathrm{m}}}{(s_{11}^{\mathrm{m}} + s_{12}^{\mathrm{m}})\varepsilon_{33}^{\mathrm{Tp}} v_{\mathrm{p}} + (s_{11}^{\mathrm{p}} + s_{12}^{\mathrm{p}})\varepsilon_{33}^{\mathrm{Tp}} v_{\mathrm{m}} - 2\,(d_{31}^{\mathrm{p}})^2 v_{\mathrm{m}}} \tag{5.6}$$

在纵向方向上的磁电电压系数为

$$\alpha_{E,33} = \delta E_3/\delta H_3 = \frac{-2d_{31}^{\mathrm{p}} q_{13}^{\mathrm{m}} v_{\mathrm{m}}}{(s_{11}^{\mathrm{m}} + s_{12}^{\mathrm{m}})\varepsilon_{33}^{\mathrm{Tp}} v_{\mathrm{p}} + (s_{11}^{\mathrm{p}} + s_{12}^{\mathrm{p}})\varepsilon_{33}^{\mathrm{Tp}} v_{\mathrm{m}} - 2(d_{31}^{\mathrm{p}})^2 v_{\mathrm{m}}} \tag{5.7}$$

以上两式中上角标 m 和 p 分别代表磁致伸缩层和压电层，v 代表体积。

5.4.3　磁电耦合效应影响因素的理论分析

从式(5.6)和(5.7)可以看出，无论是横向的磁电电压系数还是纵向的磁电电压系数，都受压电系数、压磁系数、磁致伸缩层与压电层厚度以及组元材料的弹性常数和界面的耦合状态的共同影响。

首先，磁电电压系数和压磁系数 q_{11}^{m} 或者 q_{13}^{m} 成正比，因此，使用具有较高磁敏特性(压磁系数)的磁致伸缩材料作为双层磁电薄膜异质结的压磁层可以使磁电电压系数增大。同样道理，压电层的压电系数也对磁电电压系数的影响作用非常明显，随着压电系数的增加，磁电电压系数将会出现非常大的提高。因此，在本工作中选取具有良好的压电性能的 PZT 作为压电层，具有较大磁敏特性的超磁致伸缩材料 Tb-Fe 作为压磁层。

其次，压电层和压磁层材料的弹性力学常数也影响到双层异质结的磁电电压系数。材料的柔顺系数越小，则异质结的磁电电压系数越大。

另外，磁致伸缩层与压电层厚度比也直接影响到磁电电压系数的大小。根据式(5.6)和(5.7)可知，随着 $v_{\mathrm{p}}/v_{\mathrm{m}}$ 的增加，磁电电压系数非线性地减小，也就是在压电层厚度固定的条件下，磁电电压系数是随着压磁层厚度的增加而逐渐增加的。

以上几个影响磁电电压系数的主要因素与式(5.6)和(5.7)都是在理想情况假设的前提下所得到的结论。然而，对于实际的双层薄膜异质结必须考虑实际的耦合作用过程中其他非理想因素的影响，即必须考虑到耦合效率 k。对于双层磁电薄膜异质结，其磁电效应的获得是磁-机械-电三场耦合的结果，实际上，界面的应力传递过程对于三场耦合的效率起到了决定性作用。而在假设条件中，设压电层和压磁层是理想的结合界面，即耦合效率 $k=1$；然而实际上，在异质结中，界面的应力传递效率不能为 1，一般是 $0<k<1$，这也是很多磁电复合材料的磁电电压系

数的获得值和理论上的磁电电压系数差距比较大的原因。因此,压电层和压磁层良好界合有益于提高应力传递,进而提高磁电耦合效率。

为了验证耦合效率对磁电效应的影响,分别将理论上的磁电电压系数与试验上作一比较:选取压电材料和压磁材料的一些弹性力学参量和压电系数等参量,如下所示[21,22]:

对于 PZT 压电薄膜:

$$s_{11}^{p}=15.3\times10^{-12}\ m^2/N,\quad s_{12}^{p}=-5\times10^{-12}\ m^2/N,$$
$$d_{31}^{p}=175\times10^{-12}\ c/N,\quad \varepsilon_{33}^{p}=15.5\times10^{-9}\ F/m$$

对于 Tb-Fe 薄膜:

$$s_{11}^{m}=18.87\times10^{-12}\ m^2/N,\quad s_{12}^{m}=-5.66\times10^{-12}\ m^2/N$$

对于 Tb-Fe/PZT 双层异质结,压电层和压磁层的体积比为 $v_p/v_m=1/2$,根据以上参数,选取某一较低磁场 $H=1.2$ kOe,在这个磁场下,Tb-Fe 团簇薄膜的压磁系数是 $59.55\times10^{-9}/Oe$,在零磁场下的压磁系数是 $41.43\times10^{-9}/Oe$,由式(5.6)在理论上求得该磁场下磁电电压系数增量为

$$\Delta\alpha_{E,13}=17.4\times10^8\times\Delta q_{11}^{m}=31.5\ V/(m\cdot Oe)=315\ mV/(cm\cdot Oe)$$

而在试验中,根据图中的磁电电压增量可以求得磁电电压系数的增量为

$$\Delta\alpha=30.7\ mV/(cm\cdot Oe)$$

由此可以看出,在实验中获得的磁电电压系数与理论上相比,要明显地降低。这主要是由于存在着耦合效率的原因,也就是压电层和压磁层的应力传递存在一定的损耗,造成了磁电耦合效应的减弱。因而界面间的耦合效率是影响磁电耦合效应的一个非常重要也是非常明显的因素。

5.4.4　磁电薄膜异质结的耦合规律

由于本工作中制备的薄膜异质结的磁电效应主要来源于磁致伸缩层和压电层之间的应力传递耦合,以此可以归结为双层的磁电复合材料。根据上面的讨论,磁电电压系数与压电系数、压磁系数、体积比有关,因此对于 PZT 固定衬底并且淀积固定厚度的磁致伸缩层来说,磁致伸缩层的力学行为将直接影响到异质结的磁电效应特性,为此画出了纳米结构 Tb-Fe 团簇薄膜的压磁系数 $q(=\delta\lambda/\delta H_{bias})$ 随外加偏磁场变化的图线,如图 5.16 所示。

比较图 5.15 和图 5.16 可以看出,异质结的磁电电压增量 $|\Delta V_{ME}|$ 随偏磁场变化曲线与纯相 Tb-Fe 团簇薄膜的压磁系数 q 随磁场变化曲线具有相同的趋势,这与双层磁电复合材料的理论模型所得出的结论是完全吻合的。同时,也进一步证明了磁致伸缩层的压磁系数通过层间的应力传递在磁能-机械能-电能转变过程中所起的重要作用;从而进一步提高层间的应力传递以及耦合效率,将对磁电电压系数的提高起到非常积极的作用。

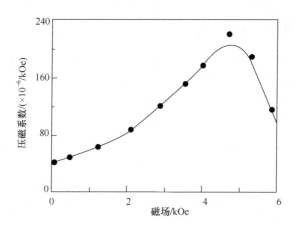

图 5.16　Tb-Fe 纳米结构薄膜的压磁系数随外加偏磁场变化

　　通过对 Tb-Fe/PZT 薄膜异质结磁电电压进行分析,得到了和理论模型基本吻合的结论,从而证明了磁电耦合效应理论模型的可信性,同时也在理论上得到了影响磁电效应的主要参数,这能够对磁电复合材料的进一步推广应用起到理论指导作用。

5.5　Sm-Fe/PVDF 薄膜异质结的制备与表征

　　当前,有关磁电复合薄膜的研究和开发正在日益成为磁电材料领域的热点。迄今为止,国内外制备磁电复合薄膜一般是采用常规的物理方法或化学方法在硬质的陶瓷或单晶衬底上淀积形成磁电复合薄膜。例如,利用 PLD 方法在单晶 Si(100) 和单晶 SrTiO$_3$(001) 衬底上制备复合薄膜或异质结[4,6],利用溶胶-凝胶法在外延生长铂金的硅衬底(Pt/Ti/SiO$_2$/Si)上交替旋涂获得多层复合薄膜或薄膜异质结[23,24]等。虽然这些复合薄膜或异质结表现出磁电耦合效应,但是仍存在一些明显不足:①硬质陶瓷衬底对复合薄膜的应力约束极大限制了复合薄膜中两相间的应力传递,造成磁电效应普遍较弱;②由于衬底材料是硬质的,其弹性模量较大,在推广应用的时候可能受到很大的限制。

　　为了克服硬质衬底材料复合薄膜的不足,在本节中制备了一种非常柔韧的、具有大磁电耦合效应的复合薄膜异质结。使用柔软的而且具有压电效应的 PVDF 薄膜为衬底,仍然采用低能团簇束流淀积制备技术在薄膜的表面淀积一层纳米颗粒稀土-铁合金纳米结构团簇薄膜,其中稀土-铁合金选用一种具有负磁致伸缩效应的超磁致伸缩材料 Sm-Fe 合金,进而形成具有纳米结构的 Sm-Fe/PVDF 复合薄膜异质结。

5.5.1　Sm-Fe/PVDF 薄膜异质结的制备

在实验中制备 Sm-Fe/PVDF 薄膜异质结时,使用直径是 50 mm、厚度是 2.5 cm 的高纯的稀土-铁合金 $SmFe_2$ 靶(99.99%)作为溅射靶材;使用超声清洗过而且经过电极化的 PVDF 压电薄膜作为衬底,其中 PVDF 的底面镀有一层铝电极。将 PVDF 薄膜固定在超高真空团簇束流淀积系统的衬底座上,预抽真空达到 4×10^{-5} Pa,利用直流电源作为溅射电源,主要的工作条件见表 5.3,控制团簇淀积时间,制得的薄膜异质结中 Sm-Fe 层的厚度是 300 nm。

表 5.3　Sm-Fe/PVDF 薄膜异质结的制备工艺参数

本底真空	4×10^{-5}/Pa
溅射 Ar 气流量	90 sccm
缓冲 He 气流量	40 sccm
溅射电压	200 V
溅射电流	0.25 A
淀积速率	1.5 Å/s

在制备薄膜异质结后,为了便于测量磁电耦合效应,利用离子溅射的方法在 Sm-Fe 层的上表面喷镀一层 Pt 电极。图 5.17 给出了 Sm-Fe/PVDF 薄膜异质结的结构示意图,其中,1 层是 PVDF 薄膜,2 是喷镀在 PVDF 薄膜层下表面的铝电极,3 是利用低能团簇束流淀积在 PVDF 层上淀积 Sm-Fe 纳米结构薄膜层,4 是淀积在异质结表面的 Pt 电极。

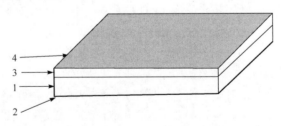

图 5.17　Sm-Fe/PVDF 薄膜异质结的结构示意图

5.5.2　复合薄膜异质结的形貌表征

选取没有在异质结上表面喷镀 Pt 电极的样品,利用 SEM 表征薄膜异质结上表面的表面形貌,图 5.18 是薄膜异质结上表面的 SEM 图像。

从图中可以看到,薄膜异质结的上表面是由形状规则的团簇纳米颗粒紧密堆积而成,而且这些纳米颗粒仍然具有明显的单分散性,没有发生明显的聚合和扩散。纳米颗粒的平均直径是 31.5 nm。

图 5.18　Sm-Fe/PVDF 薄膜异质结上表面的 SEM 图像

进一步统计了纳米颗粒的尺寸分布,图 5.19 是纳米颗粒的统计分布图。

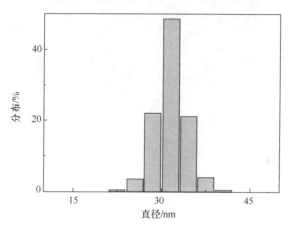

图 5.19　纳米颗粒的统计分布图

　　从图 5.19 可以清晰地看出,所获得的团簇的尺寸符合对数-正态分布的形式。球形纳米颗粒的尺寸分布在一个狭小的区域,全部集中在 20～40 nm,而且这些颗粒主要是集中在 25～35 nm。薄膜中,这种分布均匀、尺寸规则的纳米颗粒主要受益于理想的实验过程——低能团簇束流淀积。实际上,在团簇束流淀积过程中,团簇淀积到衬底时的能量非常低,团簇颗粒到衬底的动能是 10～100 meV/atom;而对于样品制备系统而言,一般团簇淀积到衬底的切向速度小于法向速度的 1/50,所以,实际上团簇颗粒和衬底之间的碰撞是一种正碰,从而使团簇颗粒在衬底表面的切向动能远远小于表面的迁徙能(一般是 eV 量级),这样不容易发生团簇颗粒之间的大范围聚合。

通过分析,团簇颗粒中,每个原子的动能低于 100 meV,远远小于原子的结合能(一般原子的结合能为 eV 量级),所以团簇入射到衬底上是不可能被击碎或者反射回去,而是立即被衬底吸附,因此这种淀积完全是一种"软着陆"(soft landing),这也是团簇淀积为低能淀积的原因所在。又因为团簇颗粒在衬底表面难于迁徙,因此这种团簇淀积基本上可以看成是一种随机堆垛的过程,这种随机堆垛淀积使颗粒之间不容易发生反应聚合,而且容易形成均匀单一的薄膜。这种低能团簇束流淀积为制备尺寸均匀的团簇颗粒薄膜奠定了坚实的基础。

图 5.20 是用 SEM 表征的薄膜异质结的断面扫描形貌图。从图中可以清楚地看到 PVDF 压电薄膜层和 Sm-Fe 团簇薄膜层,并且没有扩散层和过渡层出现,也没有出现其他杂相。从剖面图也可以看到 Sm-Fe 层是由形状规则的团簇颗粒组装而成的。

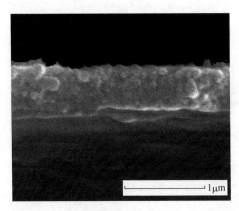

图 5.20　薄膜异质结的断面扫描 SEM 图谱

从以上的形貌表征中可以看出,在薄膜异质结中压电层和磁致伸缩层仍然保持较好的独立性,这样能够保证薄膜异质结能够获得良好的磁电耦合效应。在薄膜异质结中之所以没有发生层间的扩散或反应,主要受益于低能团簇束流淀积的过程。团簇束流淀积到衬底上是一个"软着陆"的过程,即团簇淀积在衬底上的过程是低温低能量的过程,这样,如果采用低能团簇束流淀积的方式在压电薄膜上制备磁致伸缩层就可以有效地避免磁致伸缩相和压电相之间的扩散和反应,保证了薄膜异质结中各层材料的独立性质。

5.5.3　复合薄膜异质结的相结构表征

本工作利用 X 射线衍射(XRD)对其相结构进行分析,光源为 Cu Kα。图 5.21 就是 Sm-Fe/PVDF 复合薄膜的 XRD 图谱。

从图中可以看出,Sm-Fe/PVDF 复合薄膜 XRD 图谱中不存在尖锐的晶态衍

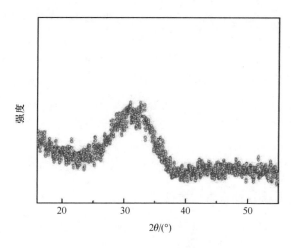

图 5.21　Sm-Fe/PVDF 复合薄膜的 XRD 图谱

射峰,说明制备态薄膜为非晶态或纳米晶态,并且薄膜的 XRD 图谱中存在宽广的扩展峰,制备态薄膜的扩展峰在 $2\theta=24°\sim38°$ 的范围内,说明已经有纳米晶出现。

5.5.4　复合薄膜异质结的磁学性质表征

为了表征薄膜异质结的磁学性质,使用超导量子干涉仪表征了薄膜异质结的磁滞回线,如图 5.22 所示。

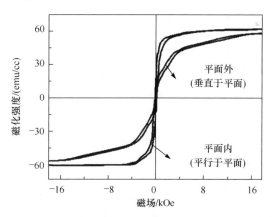

图 5.22　薄膜异质结的磁滞回线

从图中可以看到,薄膜异质结的磁滞回线形状规则,展示出良好的铁磁性。与块体的 Sm-Fe 材料相比,薄膜异质结展示出较低的矫顽力,在面内方向和面外方向上的矫顽力比较接近,都是 $H_c=35$ Oe;在面内方向和面外方向上的饱和磁化强度分别是 60 emu/cm³ 和 58 emu/cm³。以上结果表明 Sm-Fe 层仍然保持良好的铁磁性。

　　此外,薄膜展示出明显的面内方向的磁各向异性,其可以归结为以下原因:首先,可以归结为组装薄膜的基本单元——团簇。对于实验制备的薄膜来说,由于薄膜是由团簇颗粒组装而成,团簇颗粒的尺寸大约为 31.5 nm,远远小于普通薄膜中颗粒的尺寸,因此很容易理解团簇颗粒薄膜具有较大的磁各向异性。其次,由于在薄膜的制备过程中,Ar 离子或者 Ar 原子进入薄膜内,从而形成了压应力,使得磁致伸缩薄膜内存在着残余应力,这种残余应力可以导致面内的磁各向异性。

5.5.5　Sm-Fe 薄膜磁致伸缩性质表征

　　图 5.23 表征的是 Sm-Fe 薄膜的磁致伸缩系数随施加磁场变化的图线。

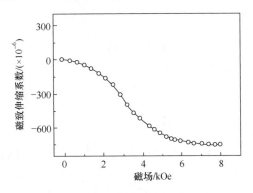

图 5.23　Sm-Fe 薄膜的磁致伸缩系数

　　从图中可以看出,对于纳米结构薄膜,它的磁致伸缩系数 λ 随施加偏磁场 H_{bias} 的变化主要分为三个阶段:当偏磁场 $H_{bias} < 2$ kOe 时,薄膜磁致伸缩系数 λ 的值随着偏磁场 H_{bias} 的增加而线性地缓慢增加;当偏磁场 H_{bias} 在 2~5 kOe 时,薄膜磁致伸缩系数 λ 的值随着偏磁场 H_{bias} 的增加而迅速增加;当偏磁场 $H_{bias} > 5$ kOe 时,薄膜磁致伸缩系数 λ 的值随着偏磁场 H_{bias} 的增加而非常缓慢地增加,并最后趋于饱和。薄膜的磁致伸缩系数在偏磁场 $H_{bias} = 8$ kOe 时达到饱和的 815×10^{-6},这个磁致伸缩系数要大于目前文献中报道的用其他方法制备的薄膜的磁致伸缩系数;甚至和块体材料相比,这个磁致伸缩系数的值也并不逊色。这样的纳米结构 Sm-Fe 团簇薄膜在较低磁场下展示出较高的磁致伸缩效应。既然磁电效应来源于磁致伸缩相和压电相之间的应力传递,较低的矫顽力和较高的磁致伸缩效应有助于提高磁电耦合的效率,进而使薄膜异质结获得较高的磁电电压系数成为可能。

5.6　Sm-Fe/PVDF 薄膜异质结的磁电耦合效应

5.6.1　薄膜异质结的磁电耦合效应

本工作采用磁电电压的增量来表征异质结的磁电耦合效应。其测量条件为小信号交变磁场的频率为 1 kHz,沿着薄膜面内的方向施加交变小磁场是 10 Oe,由于样品尺寸的限制,施加的直流磁场的范围是 0~8 kOe。研究发现,薄膜异质结的磁电电压增量 $|\Delta V_{ME}|$ 随外加直流偏磁场 H_{bias} 的变化不断地变化。图 5.24 给出了磁电电压增量 $|\Delta V_{ME}|$ 随外加磁场变化曲线。

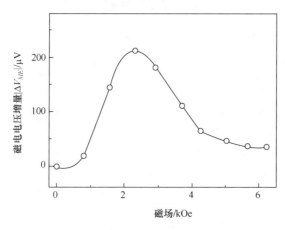

图 5.24　磁电电压增量 $|\Delta V_{ME}|$ 随外加磁场变化曲线

从图中可以看出,薄膜异质结展示出非常强的磁电耦合效应。随着直流偏磁场的增加,磁电电压增量值 $|\Delta V_{ME}|$ 迅速地增加,当直流偏磁场 $H_{bias}=2.5$ kOe 时,异质结的磁电电压增量值达到最大的 $220\ \mu V$,随后,随着直流偏磁场的进一步增加,磁电电压增量值开始下降。本工作测得的最大磁电电压增量值要明显高于目前被报道的全氧化物的铁电-铁磁复合薄膜的磁电电压[4,18,19],因此薄膜异质结展示出非常强的磁电效应。

5.6.2　Sm-Fe/PVDF 薄膜异质结的展望

使用低能团簇束流淀积制备的 Sm-Fe/PVDF 纳米复合薄膜异质结,与淀积在硬质衬底上的复合薄膜或异质结相比,展示出许多优点:首先,这种异质结直接采用柔软的 PVDF 压电薄膜作为衬底,由于 PVDF 薄膜弹性模量非常小,对复合薄膜异质结中的 Sm-Fe 磁致伸缩层的影响几乎可以忽略不计,可有效避免衬底对薄膜异质结的应力约束作用,进而使界面应力传递更加有效,从而导致复合薄膜异质结的磁电耦合比传统的淀积在硬质陶瓷衬底上的复合薄膜更加良好。其次,在复合薄膜异质结中,由于 PVDF 兼具衬底和压电层的双重作用,无需传统复合薄膜所需要的硬质衬底,因此结构简单且价格低廉;而且,由于无需硬质衬底,PVDF 薄膜具有非常柔软的特性,因此复合薄膜异质结结构十分柔软,可制备成各种形状,即具有更加广泛的应用前景。

目前制备的 Sm-Fe/PVDF 复合薄膜异质结的性能仍然有进一步提高的空间:①Sm-Fe 薄膜的厚度可能对薄膜异质结的磁电电压产生很大的影响,可能存在一定的优化比例使得异质结具有最优的磁电效应;②通过改变 Sm-Fe 层表面的颗粒的尺寸可以改变磁致伸缩层的性能,进而实现对异质结的磁电效应的有效控制。

本章参考文献

[1] Spaldin N A, Fiebig M. The renaissance of magnetoelectric multiferroics. Science,2005,309 (5733): 391-392.

[2] Ryu H,Murugavel P,Lee J H,et al. Magnetoelectric effects of nanoparticulate $Pb(Zr_{0.52}Ti_{0.48})O_3$-$NiFe_2O_4$ composite films. Appl. Phys. Lett. ,2006,89(10): 102907.

[3] Ma Y G,Cheng W N,Ning M,et al. Magnetoelectric effect in epitaxial $Pb(Zr_{0.52}Ti_{0.48})O_3$/$La_{0.7}Sr_{0.3}MnO_3$ composite thin film. Appl. Phys. Lett. ,2007,90(15): 152911.

[4] Zhou J P,He H C,Shi Z,et al. Magnetoelectric $CoFe_2O_4$/$Pb(Zr_{0.52}Ti_{0.48})O_3$ double-layer thin film prepared by pulsed-laser deposition. Appl. Phys. Lett. ,2006,88(1): 013111.

[5] Chang K S,Aronova M A,Lin C L,et al. Exploration of artificial multiferroic thin-film heterostructures using composition spreads. Appl. Phys. Lett. 2004,84(16): 3091-3093.

[6] Zheng H,Wang J,Lofland S E,et al. Multiferroic $BaTiO_3$-$CoFe_2O_4$ nanostructures. Science, 2004,303(5658): 661-663.

[7] Haun M J,Furman E,Jang S J,et al. Modeling of the electrostrictive,dielectric,and piezoelectric properties of ceramic $PbTiO_3$. Ferroelectrics,1989,36(4): 393-401.

[8] Wang W L,Zhang P L,Liu S D. Piezoelectric ceramics with high coupling and high temperature stability. Ferroelectrics,1990,101(1): 173-177.

[9] Fraser D B,Melchior H. Sputter-deposited CdS films with high photoconductivity through film thickness. J. Appl. Phys. ,1972,43(7): 3120-3127.

[10] Smith H M,Turner A F. Vacuum deposited thin films using a ruby laser. Appl. Opt. 1965, 4(1): 147-148.

[11] Vest R W. Metallo-organic decomposition (MOD) processing of ferroelectric and electro-optic films: a review. Ferroelectrics,1990,102(1): 53-68.

[12] Brinker C J,Scherer G W. Sol-gel Science: The Physics and Chemistry of Sol-gel Processing. Boston:Academic Press,1990.

[13] 钟维烈. 铁电体物理学. 北京:科学出版社,1998.

[14] Lønnum J F, Jonannessen J S. Dual-frequency modified C/V technique. Electron. Lett. , 1986,22(9): 456-457.

[15] Wang C,Takahashi M,Fujino H,et al. Leakage current of multiferroic ($Bi_{0.6}Tb_{0.3}La_{0.1}$)FeO_3 thin films grown at various oxygen pressures by pulsed laser deposition and annealing effect. J. Appl. Phys. ,2006,99(5)：054104.

[16] Numata K. Justification of the Schottky emission model at the interface of a precious metal and a perovskite oxide with dilute oxygen vacancies. Thin Solid Films, 2006, 515 (4)：2635-2643.

[17] 陈德顺,丘其春,等. 混合烧结磁电复合材料的研究. 华南理工大学学报,1996,24(3)：111-115.

[18] Eerenstein W,Wiora M,Prieto J L,et al. Giant sharp and persistent converse magnetoelectric effects in multiferroic epitaxial eterostructures. Nat. Mater. ,2007,6(5)：348-351.

[19] Zheng H,Wang J,Mohaddes-Ardabili L,et al. Three-dimensional heteroepitaxy in self-assembled $BaTiO_3$-$CoFe_2O_4$ nanostructures. Appl. Phys. Lett. ,2004,85(11)：2035-2037.

[20] Srinivasan G,Rasmussen E T,Gallegos J,et al. Magnetoelectric bilayer and multilayer structures of magnetostrictive and piezoelectric oxides. Phys. Rev. B,2001,64(21)：214408.

[21] Bichurin M I,Fillippov D A,Petrov V M,et al. Resonance magnetoelectric effects in lkayered magnetostrictive-piezoelectric composites. Phys. Rev. B,2003,68(13)：132408.

[22] 万红. TbDyFe 薄膜的磁致伸缩性能及其与弹性、压电衬底复合效应研究. 国防科技大学博士学位论文,2005.

[23] He H C, Wang J, Zhou B P, et al. Ferroelectric and ferromagnetic behavior of $Pb(Zr_{0.52}Ti_{0.48})O_3$-$Co_{0.9}Zn_{0.1}Fe_2O_4$ multilayered thin films prepared via solution processing. Adv. Funct. Mater. ,2007,17(8)：1333-1338.

[24] Zhao S F,Wu Y J,Wan J G,et al. Strong magnetoelectric coupling in Tb-Fe/$Pb(Zr_{0.52}Ti_{0.48})O_3$ thin-film heterostructure prepared by low energy cluster beam deposition. Appl. Phys. Lett. ,2008,92(1)：012920.

第 6 章　总结与展望

多铁材料的研究是近些年来功能材料研究领域的一个新的热点,在智能系统中具有广阔的应用前景,因为它们在微型传感器、微型机电系统、微型高密度信息存储器等众多微型设备中具有广阔的应用价值。因此,本书主要介绍了在超高真空团簇束流淀积系统上所制备的超磁致伸缩薄膜和磁电复合薄膜异质结的微结构、磁性、磁致伸缩特性和磁电耦合效应。利用低能团簇束流淀积技术在 Si(100) 衬底上淀积一层纳米结构 Tb-Fe 团簇颗粒薄膜,研究了薄膜的微结构和磁性,并且发现了薄膜的大磁致伸缩效应。在此基础上,进一步利用团簇束流淀积制备了磁电薄膜异质结,系统地研究了其微结构以及铁电、铁磁和磁电耦合效应,探讨了其磁电耦合机制以及荷能团簇束流淀积技术对纳米结构薄膜的微结构和性质的影响。所获得的主要结果如下。

(1) 利用低能团簇束流淀积在单晶 Si(100)衬底上制备了纳米结构 Tb-Fe 团簇薄膜,膜厚约为 200 nm,XRD 测试结果表明薄膜是非晶或纳米晶结构,经过 673 K 的退火热处理,薄膜的扩展峰有变窄的趋势;SEM 结果表明薄膜是由均匀的具有良好单分散性的纳米团簇颗粒组装而成,颗粒之间没有发生明显的团聚和聚合,经过 673 K 的热处理,薄膜的微结构没有发生明显的变化;SQUID 结果表明薄膜表现出明显的磁各向异性和较高的矫顽力(面内和面外方向分别为~508 Oe 和~205 Oe)。经过退火热处理,磁各向异性的程度明显变小,矫顽力降低(面内和面外方向分别为~50 Oe 和~15 Oe),这主要来源于薄膜内缺陷的减少和实验制备过程中形成的残余应力在退火处理过程中的释放;采用自行搭建的薄膜磁致伸缩系数测量系统测量了薄膜的磁致伸缩系数,研究发现,薄膜展示了比普通方法制备的薄膜更高的磁致伸缩系数,达到了 810×10^{-6},表现出更优异的磁致伸缩效应。因此,低能团簇束流淀积为纳米层次下磁致伸缩材料的开发提供了一个新的思路。

(2) 根据 UHV-CBS 调试原理,团簇在冷凝腔中的滞留时间影响团簇颗粒的尺寸,因此,通过改变团簇冷凝腔的距离可以控制团簇颗粒的大小。在本书中介绍了调整团簇冷凝腔的距离分别为 110 mm、95 mm、80 mm 这三种条件下在 Si 衬底上分别淀积团簇颗粒薄膜,通过 SEM 表征发现团簇颗粒的平均尺寸分别为 35 nm、30 nm、25 nm;SQUID 研究结果表明,颗粒尺寸的大小影响着薄膜的磁性,对于颗粒尺寸是 30 nm 的薄膜,其磁各向异性最大,颗粒尺寸是 25 nm 的薄膜的磁各向异性降低了,颗粒尺寸是 35 nm 的薄膜的磁各向异性甚至完全消失,薄膜展示完全的各向同性;在颗粒尺寸对磁性影响的基础上进一步研究了颗粒尺寸对薄膜磁致伸缩性能的影响,研究发现,团簇颗粒的尺寸明显影响着薄膜在低磁场下的磁致伸缩性能,颗粒尺寸较大的薄膜容易达到饱和磁致伸缩,而且这种薄膜在低磁场下的磁致伸缩系数较大。对于团簇颗粒的尺寸是 35 nm 的薄膜在较低的磁场下 $H=3.5$ kOe 时,其磁致伸缩系数高达 $\lambda=380\times10^{-6}$,在相同的磁场下比另外两种薄膜高了将近 30%。

(3) 通过溶胶-凝胶法(sol-gel)在 Pt/Ti/SiO$_2$/Si 衬底上制备了 PZT 压电薄膜,制备的薄膜通过相结构、磁学、电学等性能表征,表明薄膜具有非常良好的铁电性能。其饱和电极化强度和剩余电极化强度分别达到了 $P_s=60.8$ μC/cm^2,和 $P_r=31.2$ μC/cm^2,以制备的 PZT/Pt/Ti/SiO$_2$/Si 作为衬底,使用超高真空团簇束流淀积系统,利用低能团簇束流淀积制备了 Tb-Fe/PZT 薄膜异质结。通过 XRD 对薄膜异质结的相结构进行了表征,并没有发现其他杂相的出现;进一步通过磁学和电学的性能表征,发现薄膜异质结的磁学性能与纯 Tb-Fe 团簇薄膜的磁性比较接近,电极化性能与纯 PZT 薄膜比较相近,进一步证明了在薄膜异质结中磁致伸缩层和压电层之间并没有发生严重的扩散或反应而导致各自的性能降低;通过自行组装的磁电效应综合测量系统,表征了 Tb-Fe/PZT 薄膜异质结的磁电电压增量随磁场变化的关系,研究发现薄膜异质结表现出非常强的磁电耦合效应。异质结的磁电电压的增量最高时达到了 14 μV,通过磁电电压系数的计算公式,可以得到磁电电压系数的增量的最大值高达 140 mV/(cm·Oe),要明显高于目前被报道的全氧化物的铁电/铁磁复合薄膜的磁电电压系数。

(4) 根据磁电薄膜异质结的磁电耦合效应的理论模型,得到磁电电压系数的理论表达式,并结合 Tb-Fe/PZT 异质结体系具体证明了该体系的磁电电压系数与理论模型所得到的结论是一致的,从而该理论模型可以为该体系的磁电电压系数的控制提供理论上的指导。

(5) 利用低能团簇束流淀积在柔性的 PVDF 衬底上制备了纳米结构 Sm-Fe/PVDF 纳米复合薄膜异质结。SEM 结果表明薄膜是由均匀的具有良好单分散性的纳米团簇颗粒组装而成,颗粒之间没有发生明显的团聚和聚合。SEM 断面扫描证明了在薄膜异质结中磁致伸缩层和压电层之间并没有发现严重的扩散而是出现非常清晰的界面。SQUID 结果表明薄膜表现出明显的磁各向异性,这主要来源于薄膜内实验制备过程中形成的残余应力。而且在这种异质结中,PVDF 兼具衬底和压电层的双重作用,无需传统复合薄膜所需要的硬质衬底,能够克服硬质衬底对复合薄膜异质结的箝制作用,因此结构简单、价格低廉且具备非常柔软的特性,可制备成各种形状,因此其应用范围更加广泛。采用自行搭建的薄膜磁致伸缩系数测量系统测量了 Sm-Fe 薄膜的磁致伸缩系数,研究发现,薄膜展示了比普通方法制备的薄膜更高的磁致伸缩系数,达到了 815×10^{-6},表现出更优异的磁致伸缩效应。而且由于低能团簇束流淀积技术可以避免团簇淀积时对衬底的破坏作用,从而保证衬底的良好的压电性能,进而保证良好的磁电耦合效应。研究发现薄膜异质结表现出非常强的磁电耦合效应。磁电电压增量值随着直流偏磁场 H_{bias} 的增加而增加,当 $H_{bias}=2.3$ kOe 时,异质结的磁电电压增量值达到最大值 210 μV。

(6) 初步探讨了利用 UHV-CBS 荷能团簇淀积的纳米结构薄膜相比于低能团簇束流淀积纳米薄膜在微结构和性质上所发生的变化。并结合实例,分别制备了低能团簇淀积和荷能团簇淀积的 Co 纳米结构薄膜,研究了两种薄膜在微结构和性质上所发生的变化,得到了一些初步结果:团簇束流以一定的能量淀积到衬底上时,团簇薄膜的微结构和成相出现明显的不同,更为重要的是薄膜的磁性得到很大的改善。

总之,基于团簇束流淀积的几种铁电、铁磁材料的成功制备和优异性能的获得激发了对于团簇研究的热情,也更加坚定了我们投入到这一领域的信心。针对目前实验工作的进展情况,作者认为还有很多工作能够进一步改善和提高,这里也对将来的工作做一些展望。

首先,利用低能团簇束流淀积制备的超磁致伸缩团簇薄膜的内容可以进一步丰富,到目前为止,已经发现了很多具有优异磁致伸缩性质的块体材料,例如 $Pr_xTb_{1-x}Fe_{1.90}$、$Tb_xNb_{1-x}Fe_{1.90}$、$Tb_{0.27}Dy_{0.73}Fe_{1.90}$ 等超磁致伸缩材料。这可以给予我们启示,就是通过制备一系列稀土-铁合金材料的超磁致伸缩团簇薄膜,有可能获得性能不断得以提高的超磁致伸缩薄膜。

其次,对于利用团簇束流淀积制备的薄膜异质结的体系也可以进一步扩大。而且可以从理论上建立模型,通过有限元模拟可以建立起得到最优化的磁电耦合效应的最佳条件,进而在实验上得以提高异质结的磁电电压系数。

最后,对于荷能团簇淀积研究有待于进一步的深入,而且对于团簇束流淀积的纳米结构薄膜的研究目前所进行的工作也只处于一个起步阶段,对于其他的功能材料的研究也越来越显示出它的诱人之处。因此,更加深入的研究有待于不断地去努力探索,作者也深信,通过不懈的努力一定可以在团簇这个纳米量级的艺术殿堂里不断创作出辉煌的乐章!

索　引

B

C